Main Wild Forage Plant Resources in Daqing Mountain of Inner Mongolia

内蒙古大青山
主要野生饲用植物资源

◎ 赵来喜　徐春波　德　英　著

中国农业科学技术出版社

图书在版编目（CIP）数据

内蒙古大青山主要野生饲用植物资源 / 赵来喜，徐春波，德英著．—北京：中国农业科学技术出版社，2018.2

ISBN 978—7—5116—3224—1

Ⅰ．①内… Ⅱ．①赵… ②徐… ③德… Ⅲ．①野生植物—饲料作物—植物资源—内蒙古 Ⅳ．① Q949.92

中国版本图书馆 CIP 数据核字（2017）第 311967 号

责任编辑 李冠桥
责任校对 贾海霞

出 版 者 中国农业科学技术出版社
北京市中关村南大街 12 号 邮编：100081
电　　话 （010）82109705（编辑室）（010）82109702（发行部）
（010）82109709（读者服务部）
传　　真 （010）82106625
网　　址 http://www.castp.cn
经 销 者 各地新华书店
印 刷 者 北京建宏印刷有限公司
开　　本 710mm × 1 000mm 1 /16
印　　张 15.75
字　　数 280 千字
版　　次 2018 年 2 月第 1 版 2018 年 2 月第 1 次印刷
定　　价 69.00 元

《内蒙古大青山主要野生饲用植物资源》

著 者 名 单

主　著　赵来喜　徐春波　德　英

参　著　王　勇　赵海霞　赵　玥　郭永萍

尚　晨　邢建军

审　校　赵利清

前言 Preface

内蒙古自治区（全书简称内蒙古）大青山位于内蒙古中部包头市、呼和浩特市、乌兰察布市一线以北，座落于阴山山地中段，为阴山山脉的主要段落，东起乌兰察布市辉腾锡勒草原南部，西至包头昆都仑河，东西长约 300 公里（1 公里 =1 千米。全书同），南北宽约 40 公里，是阴山山地中山地森林、灌丛—草原镶嵌景观最为完好的一部分，是阴山山地生物多样性最集中的区域。植物种类繁多，据《内蒙古大青山高等植物检索表》记载，被子植物有 84 科、384 属、862 种。

中华人民共和国成立至今，大青山是相关高等院校、科研院所等植物相关专业进行植物分类教学、资源调查、标本采集的理想场所，由于其地理位置的独特性、植物区系的界分性、生态屏障的重要性及保护区域的生物多样性，经国务院批准，于 2008 年建立了“内蒙古大青山国家级自然保护区”，先后出版过《内蒙古大青山区种子植物检索表》和《内蒙古大青山高等植物检索表》等代表性专业书籍及相关的植物名录。但受各种条件和原因的限制，尚未出版过关于大青山地区相关植物图文并茂、通俗易懂、科普性极强的专业性图书。为此，著者在完成该区域相关国家级和省部级科研项目及课题任务的同时，着重开展了该区域饲用植物资源调查和图像采集工作，历时 3 年多时间，完成了《内蒙古大青山主要饲用植物资源》一书的撰写，旨在为科研、教学、推广、生产、管理等部门的草业工作者提供有价值的参考资料。

本书共收录禾本科、豆科及其他科主要野生饲用植物资源 114 种（含变种），其中，禾本科 41 种，豆科 31 种，其他科 42 种；植物学图片 686 幅。禾本科、豆科和其他科三部分内的科属种编写顺序以拉丁名的字母为序。每个草种由主要信息描述和图像两部分构成，主要信息描述部分包括学名、英文名、别名、蒙名、地理区系、生活型、水分生态类型、生境、特征特性、饲用等级、主要用途、最佳图片采集时期和最佳种子收集时期等；图像部分包括生境、植株、根、茎、叶、花（花序）、果实、种子等。由于采集图像季节性影响较大，拍摄难度大，与大青山实际植物情况相比，采集种类尚不够全面、完整，采集到的部分图像不甚理想，再版时予以完善。

凡种名和学名与中国植物志不一致的（如扁蓿豆、达乌里胡枝子等），考虑使用上的习惯性，本书采用内蒙古植物志所用的种名和学名。

由于受时间、条件及著者水平所限，书中错误及不足之处，敬请读者批评指正！

著　者

2017 年 10 月

目 录 Contents

一、禾本科 (Gramineae) 主要野生饲用植物资源

二、豆科 (Leguminosae) 主要野生饲用植物资源

三、其他科主要野生饲用植物资源

附　录

禾本科（Gramineae）
主要饲用植物资源

一、禾本科 (Gramineae) 主要野生饲用植物资源

羽　茅

主要信息描述

学名	*Achnatherum sibiricum* (L.) Keng
英文名	Siberian Achnatherum
别名	西伯利亚羽茅、光颖芨芨草
蒙名	哈日巴古乐 – 额布苏
地理区系	东古北极分布种
生活型	多年生疏丛草本
水分生态类型	中旱生植物
生境	生于林缘或灌丛中
特征特性	秆直立，较坚硬，光滑，无毛；叶片通常卷折，有时扁平，质地较坚硬，直立或斜向上升；圆锥花序紧缩，有时较疏松，从不开展，长15～30cm，每节具3～5枚分枝，基部着生小穗，矩圆状披针形，长8～10mm，具光滑而较粗的柄；芒长约2.5cm，一回或不明显的二回膝曲。6月底7月初开花，8月中旬成熟。染色体2n=22，23，24
饲用等级	良等
主要用途	春夏季节青鲜时，马、牛最喜食，羊喜食；可做青贮或半干贮原料；全草可作造纸原料
最佳图像采集时期	7月上旬
最佳种子收集时期	8月中旬

图　像

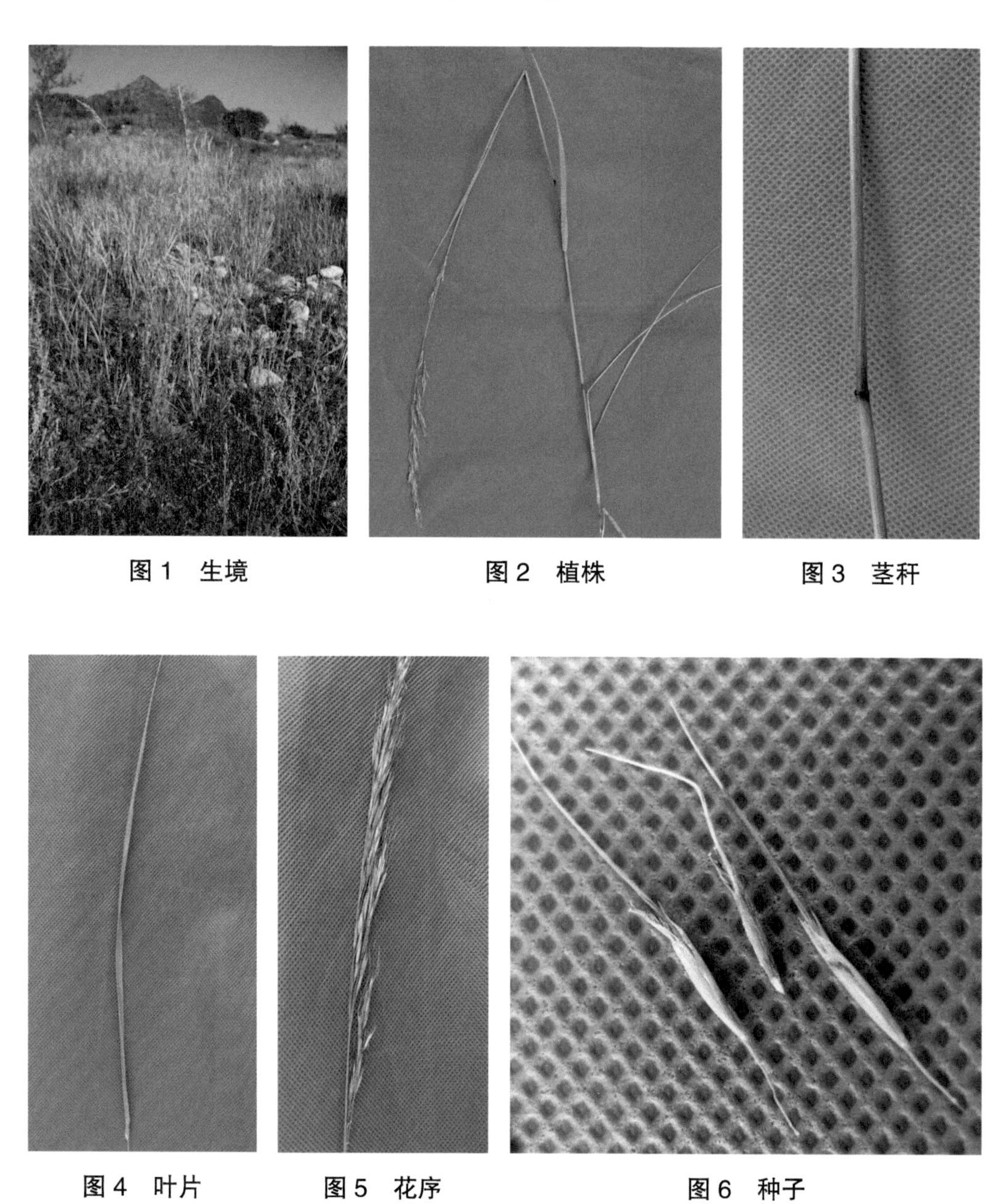

图 1　生境　　图 2　植株　　图 3　茎秆

图 4　叶片　　图 5　花序　　图 6　种子

芨芨草

主要信息描述

学名	*Achnatherum splendens* (Trin.) Nevski
英文名	Lovely Achnatherum
别名	枳芨、积机草、席萁草
蒙名	德日斯
地理区系	古地中海分布种
生活型	多年生密丛草本
水分生态类型	旱中生植物
生境	生于低山沟谷盐渍地
特征特性	须根粗壮；秆直立或斜升，光滑无毛；叶片纵向内卷或有时扁平；圆锥花序开展，长 30 ~ 60cm，分枝数枚簇生，长可达 19cm；小穗长 4.5 ~ 6.5mm，含 1 小花。根系强大，叶量丰富，草质较粗糙；耐旱、耐盐碱、适应黏土以至砂壤土。6—7 月开花，8—9 月成熟。染色体 2n=42，48
饲用等级	良等
主要用途	幼嫩时，骆驼和牛乐食，马和羊稍食，夏季牲畜一般不采食，冬季雪大时可为牲畜充饥；是一种优良的造纸原料及人造丝原料；秆叶可作扫帚、编织草帘子、筐、篓等；可作改良碱地、保护渠道、保持水土植株；茎、颖果、花序及根入药，能清热利尿
最佳图像采集时期	6 月中旬
最佳种子收集时期	8 月下旬

图　像

图 1　生境

图 2　植株

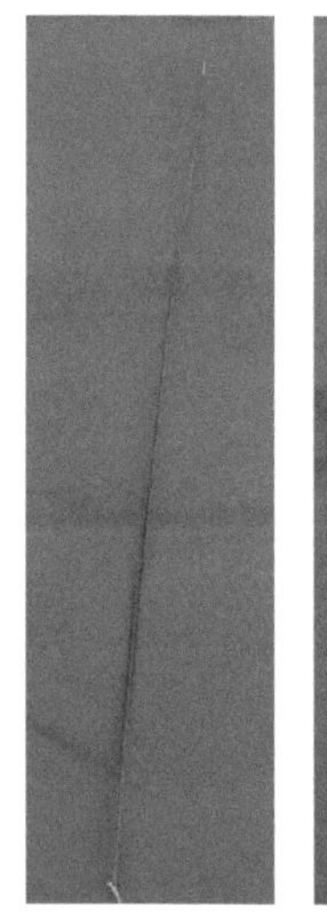

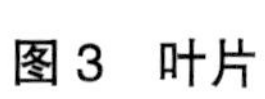

图 3　叶片

图 4　花序

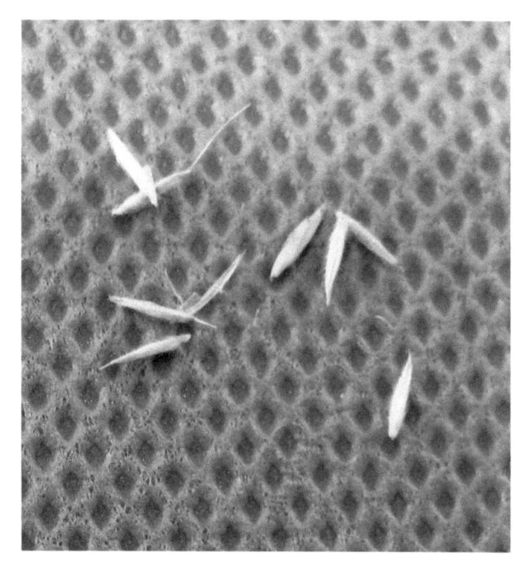

图 5　种子

冰 草

主要信息描述

学名	*Agropyron cristatum* (L.) Gaertn.
英文名	Crested Wheatgrass
别名	扁穗冰草、野麦子、羽状小麦草
蒙名	优日呼格
地理区系	泛北极分布种
生活型	多年生疏丛草本
水分生态类型	旱生植物
生境	生于山坡
特征特性	根须状，密集，具砂套；秆直立，基部节微膝曲；叶片质硬而粗糙，边缘常内卷；穗状花序粗壮，长 2 ~ 7cm，宽 8 ~ 15mm，穗轴密生短柔毛，小穗紧密平行排列成2行，整齐呈篦齿状，通常含5 ~ 7小花。利用期长，营养品质好，适应性强，耐旱、耐寒、耐碱，但不耐涝；再生性强，耐践踏。6 月开花，7—8 月成熟。染色体 2n=14，28，42
饲用等级	良等
主要用途	幼嫩时马和羊最喜食，牛和骆驼喜食，在干旱草原区是一种天然牧草，可作为催肥牧草；是一种良好的水土保持植物和固沙植物；根可作蒙药用，能止血、利尿
最佳图像采集时期	6 月中旬
最佳种子收集时期	8 月上旬

图 像

图 1　生境

图 2　植株

图 3　根系

图 4　茎秆

图 5　叶片

图 6　花序

图 7　小穗

图 8　种子

沙生冰草

主要信息描述

学名	*Agropyron desertorum* (Fisch.) Schult.
英文名	Desert Wheatgrass
别名	荒漠冰草
蒙名	楚乐音 – 优日呼格
地理区系	泛北极分布种
生活型	多年生丛生草本
水分生态类型	旱生植物
生境	生于干河床沙地
特征特性	根外具砂套；秆细，基部节膝曲，光滑；叶片多内卷成锥状，长4～12cm，宽1.5～3mm；穗状花序瘦细，长5～9cm，宽5～9mm，含5～7小花。根系较发达，主要分布于0～15cm的土层中，耐旱、耐寒性强，耐沙性强；耐旱能力较强；种子比较大，发芽率较高，出苗整理。5—6月开花，7—8月成熟。染色体2n=28，29，32
饲用等级	良等
主要用途	幼嫩时，骆驼和牛乐食，马和羊稍食，夏季牲畜一般不采食，冬季雪大时可为牲畜充饥；是一种优良的造纸原料及人造丝原料；秆叶可作扫帚、编织草帘子、筐、篓等；可作改良碱地、保护渠道、保持水土植株；茎、颖果、花序及根入药，能清热利尿
最佳图像采集时期	6月中旬
最佳种子收集时期	8月下旬

图　像

图 1　生境

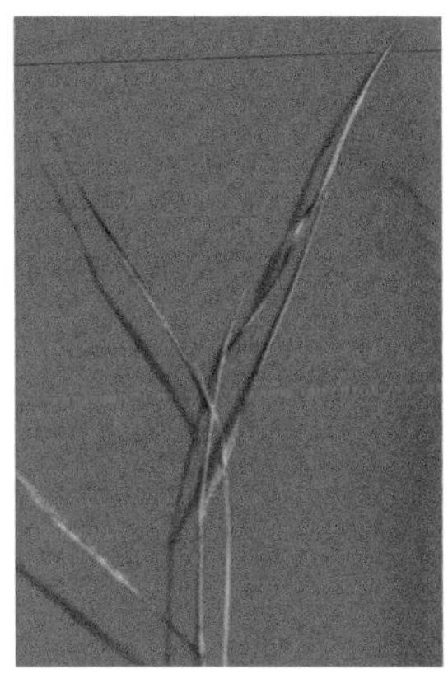

图 2　茎叶

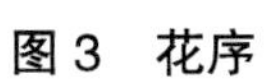

图 3　花序

图 4　种子

沙芦草

主要信息描述

学名	*Agropyron mongolicum* Keng
英文名	Mongolian Wheatgrass
别名	蒙古冰草
蒙名	额乐存乃－优日呼格
地理区系	黄土－东蒙古分布种
生活型	多年生疏丛草本
水分生态类型	旱生植物
生境	生于沙地、石砾地
特征特性	根具砂套及根状茎；秆直立，节常膝曲；叶片常内卷成针状，光滑无毛；穗状花序疏松，线形，长5～8cm，宽4～6mm；小穗疏丛排列，向上斜升，长5.5～9mm，含3～8小花。根系发达，可深入100～150cm，耐寒，耐沙，耐旱。5—6月开花，7—8月成熟。染色体2n=14
饲用等级	优等
主要用途	各类家畜喜食；是良好的固沙植物，适宜作为退化草场人工补播
最佳图像采集时期	6月上旬
最佳种子收集时期	8月上旬

图 像

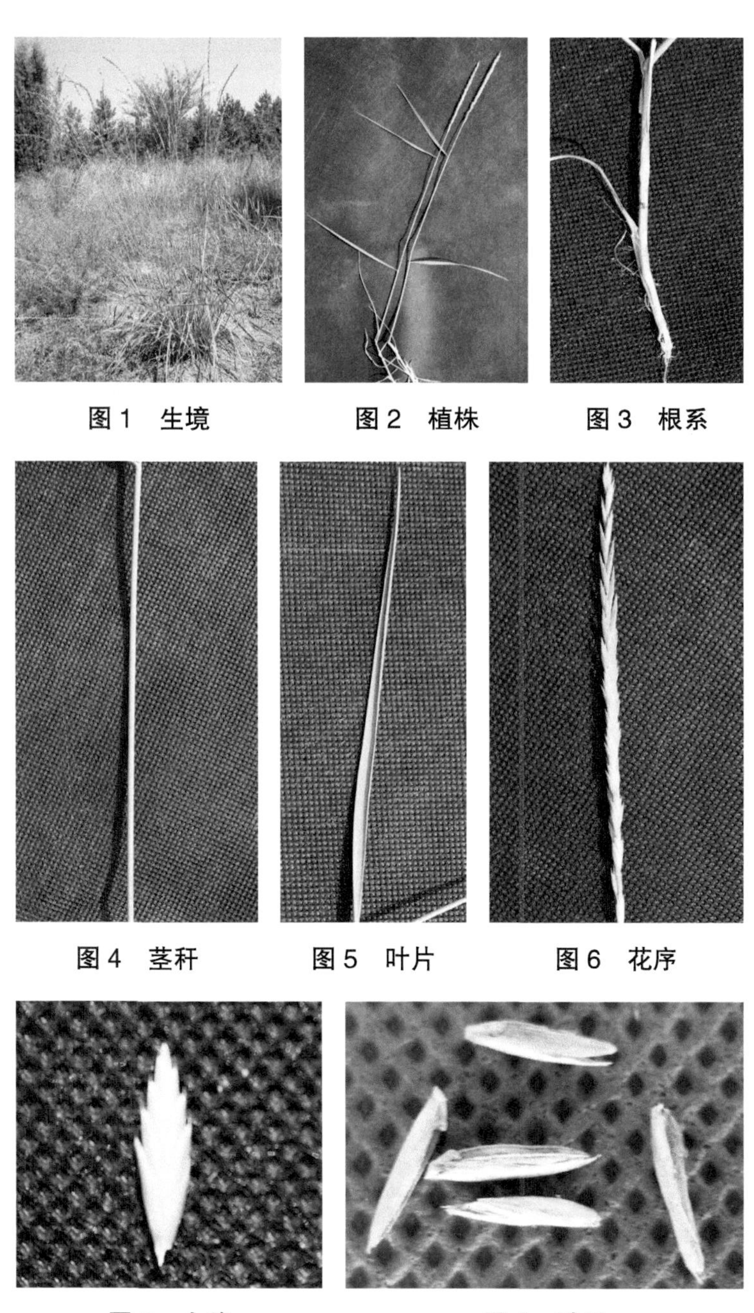

图 1　生境

图 2　植株

图 3　根系

图 4　茎秆

图 5　叶片

图 6　花序

图 7　小穗

图 8　种子

歧序剪股颖

主要信息描述

学名	*Agrostis divaricatissima* Mez
英文名	Divaricate Bentgrass
别名	蒙古剪股颖
蒙名	蒙古乐－乌兰－陶鲁钙
地理区系	西伯利亚－满洲分布种
生活型	多年生草本
水分生态类型	中生植物
生境	生于河滩、谷地
特征特性	根具砂套及根状茎；秆直立，节常膝曲；叶片常内卷成针状，光滑无毛；穗状花序疏松，线形，长 5～8cm，宽 4～6mm；小穗疏丛排列，向上斜升，长 5.5～9mm，含 3～8 小花。根系发达，可深入 100～150cm，耐寒，耐沙，耐旱。5—6 月开花，7—8 月成熟。染色体 2n=14
饲用等级	优等
主要用途	各类家畜喜食；是良好的固沙植物，适宜作为退化草场人工补播
最佳图像采集时期	6 月上旬
最佳种子收集时期	8 月上旬

图 像

图 1　生境

图 2　植株

图 3　根系

图 4　茎叶

图 5　花序

图 6　颖和小穗

图 7　种子

巨序剪股颖

主要信息描述

学名	*Agrostis gigantea* Roth
英文名	Giant Bentgrass
别名	小糠草、红顶草
蒙名	套木－乌兰－陶鲁钙
地理区系	古北极分布种
生活型	多年生疏丛草本
水分生态类型	中生植物
生境	生于山坡、山谷、林缘、河滩
特征特性	具根头及匍匐根茎；秆直立或下部的节膝曲而斜升；叶片扁平，上面微粗糙，边缘及下面具微小刺毛；圆锥花序开展，长 9～17cm，宽 3.5～8cm，每节具 3～6 分枝，分枝微粗糙，基部即可具小穗；小穗长 2～2.5mm，柄长 1～2.5mm。草质柔软，叶量丰富；具有很强摄取养分的能力，对土壤选择不严，可在多种土壤中生长，尤其耐酸性土壤，在石灰含量很低的土壤中也可正常生长发育；抗寒力强，生活力旺盛；根茎繁殖力强，耐践踏。6—7 月开花，8 月成熟。染色体 2n=28，42
饲用等级	优等
主要用途	各种家畜均喜食；是一种有栽培前途的优良牧草
最佳图像采集时期	6 月中旬
最佳种子收集时期	8 月上旬

图　像

图 1　生境

图 2　植株

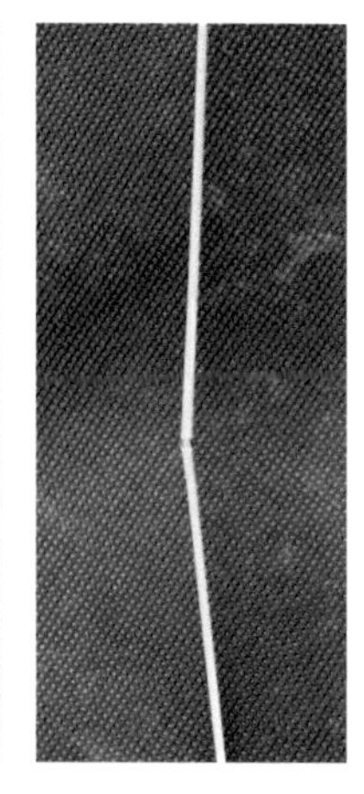

图 3　茎秆

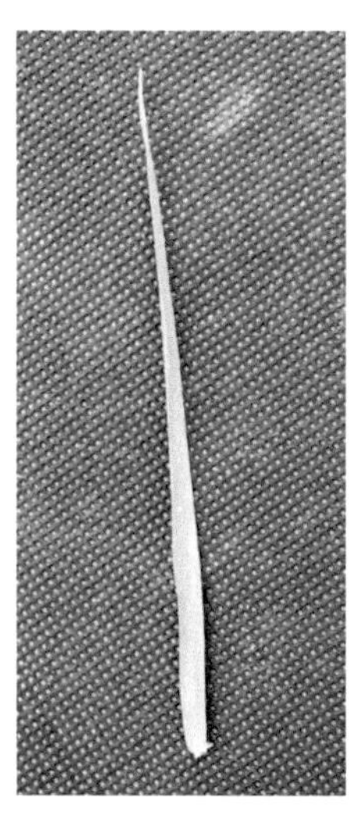

图 4　叶片

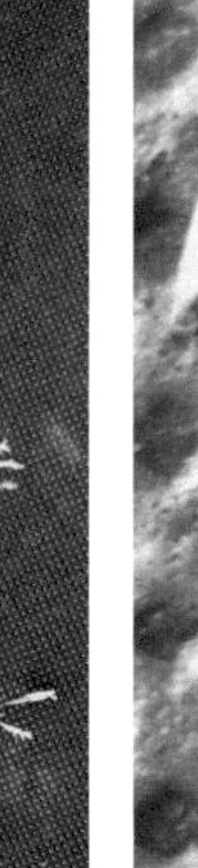

图 5　花序

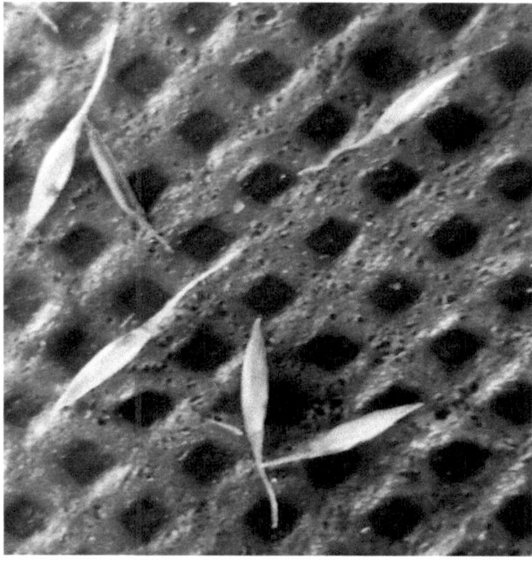

图 6　小穗

大看麦娘

主要信息描述

学名	*Alopecurus pratensis* L.
英文名	Meadow Alopecurus
别名	草原看麦娘
蒙名	套木－乌纳根－苏乐
地理区系	古北极分布种
生活型	多年生疏丛草本
水分生态类型	中生植物
生境	生于河岸、湿地
特征特性	具短根状茎；秆直立或基部的节稍膝曲；叶片扁平，上面粗糙，下面平滑；圆锥花序圆柱状，长4～8cm，宽6～10mm；小穗长3～5mm。株高，叶量大，种子易脱落，对土壤和水分条件要求较高，适宜在温暖湿润的地区生长；不耐炎热和干旱，分蘖力弱，抗病力差，是冬性牧草。6月开花，7月成熟。染色体2n=28，42
饲用等级	良等
主要用途	青草各种牲畜喜食，适宜刈割调制成干草，马、牛喜食，绵羊和山羊采食较差
最佳图像采集时期	6月下旬
最佳种子收集时期	7月下旬

图　像

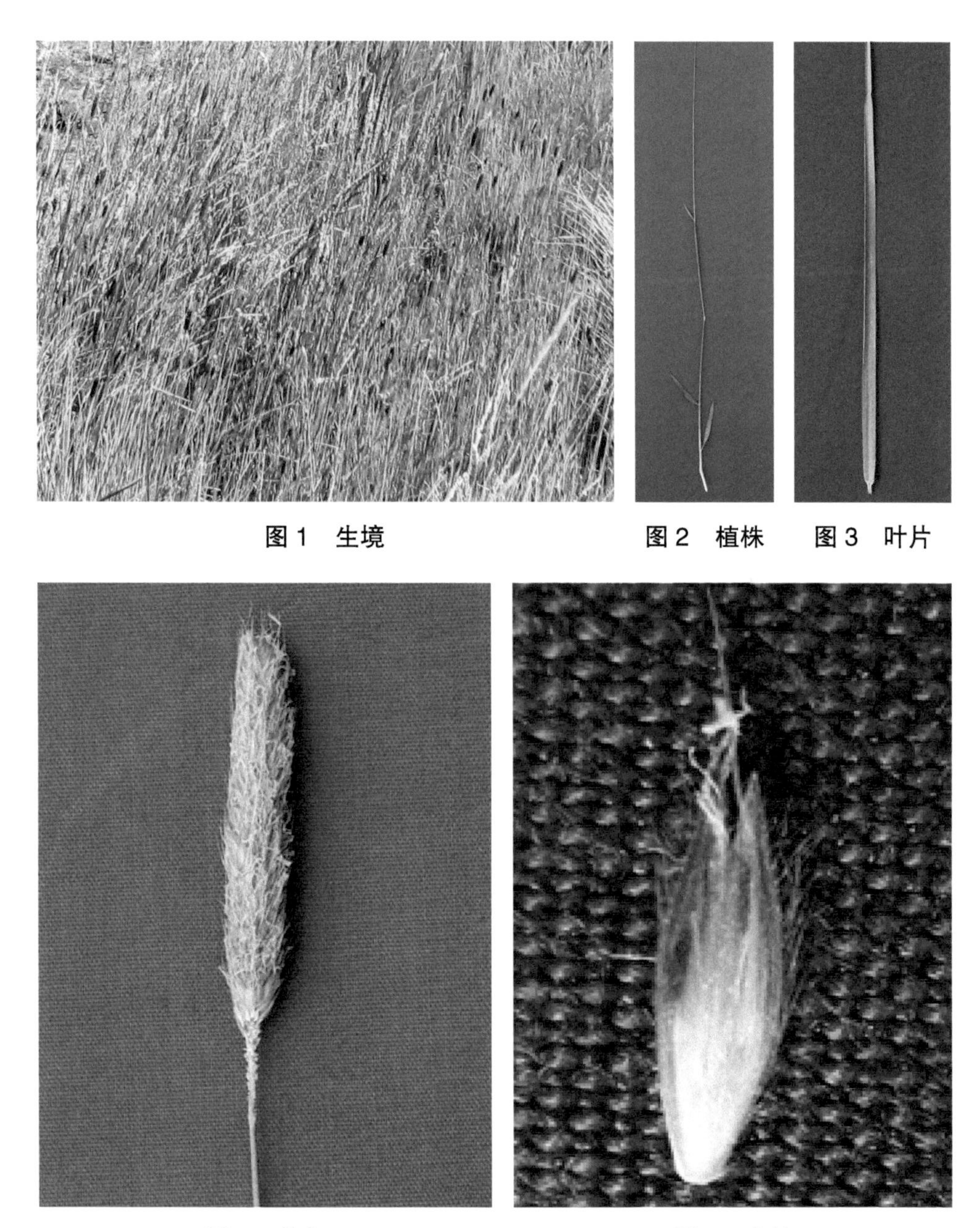

图 1　生境

图 2　植株

图 3　叶片

图 4　花序

图 5　小穗

野燕麦

主要信息描述

学名	*Avena fatua* L.
英文名	Wild Oat
别名	乌麦、燕麦草、铃铛草
蒙名	哲日力格 – 胡西古 – 布达
地理区系	地中海地区种
生活型	一年生或越年生疏丛草本
水分生态类型	中生植物
生境	生于山坡林缘、田野、路边
特征特性	须根状; 秆直立，光滑; 叶片长 7 ~ 20cm，宽 5 ~ 10mm; 圆锥花序开展，长达 20cm，宽约 10cm; 小穗长 18 ~ 25mm，含 2 ~ 3 小花。根系发达，分蘖力、繁殖力和再生力均很强，抗旱性强、抗寒性强，耐瘠薄，在砂荒地上也可生长。可分为春生型和秋生型。染色体 2n=42
饲用等级	良等
主要用途	它是一种适口性良好的牧草，开花前，马、牛、羊均喜采食，可增加乳牛的产奶量；籽实是马、牛的精料，加工后也可饲喂家畜；可引种栽培或作为燕麦类育种材料
最佳图像采集时期	春生型 6 月中旬；秋生型 5 月上旬
最佳种子收集时期	春生型 7 月下旬；秋生型 6 月上旬

图　像

图1　植株

图2　茎叶

图3　叶片

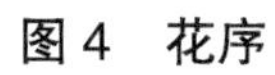

图4　花序

图5　小穗

图6　种子

无芒雀麦

主要信息描述

学名	*Bromus inermis* Leyss.
英文名	Smooth Bromegrass
别名	无芒草、禾萱草
蒙名	苏日归－扫高布日
地理区系	古北极分布种
生活型	多年生草本
水分生态类型	中生植物
生境	生于草甸、林缘、山间谷地，河边及路旁
特征特性	具短横走根状茎；秆直立，单生或丛生；叶片扁平，通常无毛；圆锥花序开展，长 10～20cm，每节具 2～5 分枝，分枝细长，微粗糙，着生 1～5 枚小穗；小穗长 10～35mm，含 5～10 小花。根系发达，植株高大，草质柔嫩，叶量丰富，营养价值高，产量高，颖果成熟好；适应性强，分布广泛，对土壤要求不严，耐盐、耐碱、耐寒，也有一定的耐旱能力，再生性与耐牧性都较强。6—7 月开花，8—9 月成熟。染色体 2n=14、28、42
饲用等级	优等
主要用途	为各种家畜所喜食，尤以牛最喜食；可刈割晒制成干草；可放牧利用；可作为水土保持植物
最佳图像采集时期	6 月中旬
最佳种子收集时期	7 月中旬至 8 月中旬

图 像

图 1　生境

图 2　植株

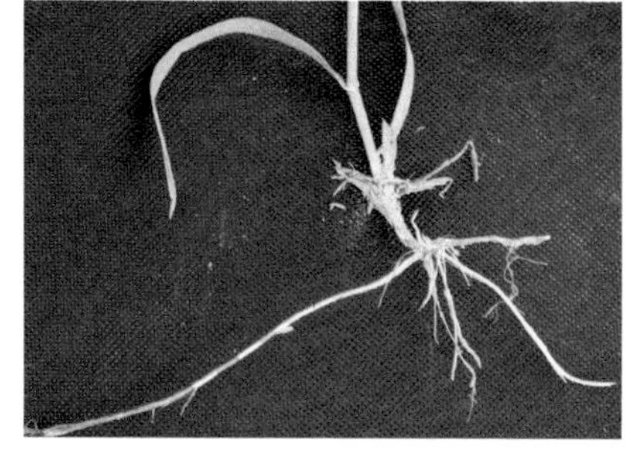

图 3　根系和根茎

图 4　茎秆　图 5　花序

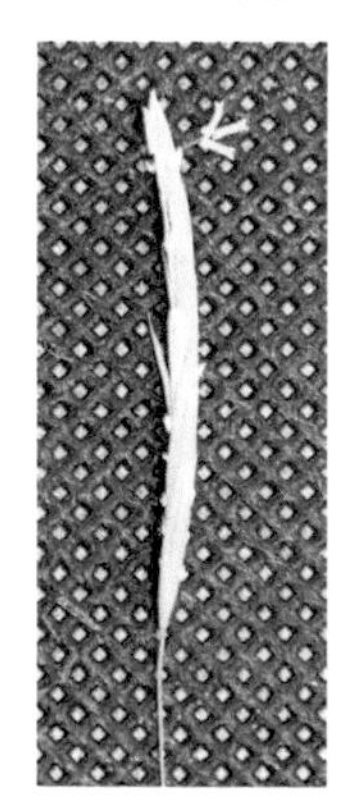

图 6　小穗和花药

图 7　种子

假苇拂子茅

主要信息描述

学名	*Calamagrostis pseudophragmites* (Hall.f.) Koeler.
英文名	False–reed Reedgrass
别名	无别名
蒙名	呼鲁苏乐格－哈布它钙－查干
地理区系	古北极分布种
生活型	多年生草本
水分生态类型	中生植物
生境	生于河滩、沟谷、低地、沙地、山坡及阴湿地
特征特性	具根茎；秆直立，平滑无毛；叶片扁平或内卷，分枝直立或斜上，粗糙；小穗条状锥形，长 6～7.5mm。抗盐碱，耐湿。6—7 月开花，8—9 月成熟。染色体 2n=28
饲用等级	中等
主要用途	幼嫩至抽穗，马、牛、羊乐食；生长后期，家畜几乎不采食；抽穗前打贮的干草为各类家畜乐食； 可作造纸及人造纤维工业的原料；能护堤固岸，稳定河床，是良好的水土保持植物
最佳图像采集时期	6 月中旬
最佳种子收集时期	8 月下旬

图　像

图1　生境

图2　植株

图3　根系和根茎

图4　茎秆

图5　叶片

图6　花序

图7　小穗

虎尾草

主要信息描述

学名	*Chloris virgata* Sw.
英文名	Showy Chloris
别名	刷帚头草、棒锤草、狗摇摇
蒙名	宝拉根 – 苏乐
地理区系	世界分布种
生活型	一年生丛生草本
水分生态类型	中生植物
生境	生于田间、草地、路旁
特征特性	秆基部倾斜或膝曲；叶片平滑无毛或上面及边缘粗糙；穗状花序4～10余枚簇生于茎顶，初期合拢，伸出如棒锤状，长3～7cm，后期排列松散如“之”字状。植株矮小，根系发达，茎叶繁茂，草质柔软，耐践踏，适应范围广，在干旱、盐碱、沙质瘠薄土，对湿润土壤反映非常敏感，在生长季节，只要多雨即可迅速生长。6—8月开花，7—9月成熟。染色体2n=20，40
饲用等级	优等
主要用途	各种家畜喜食；是草场过度放牧和土壤碱化的指示群落
最佳图像采集时期	7月下旬
最佳种子收集时期	8月初至9月上旬

图 像

图 1　植株

图 2　根系

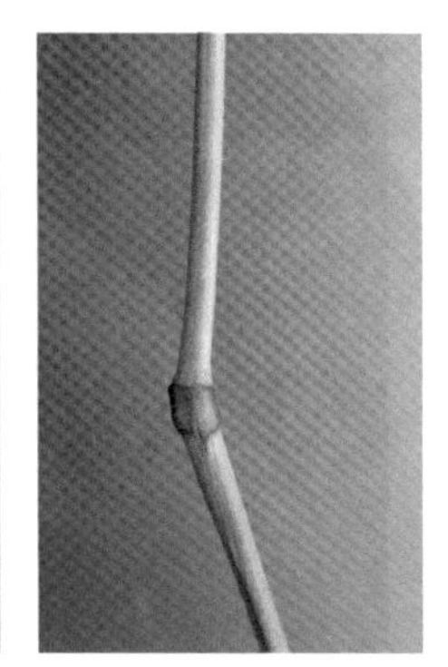

图 3　茎秆

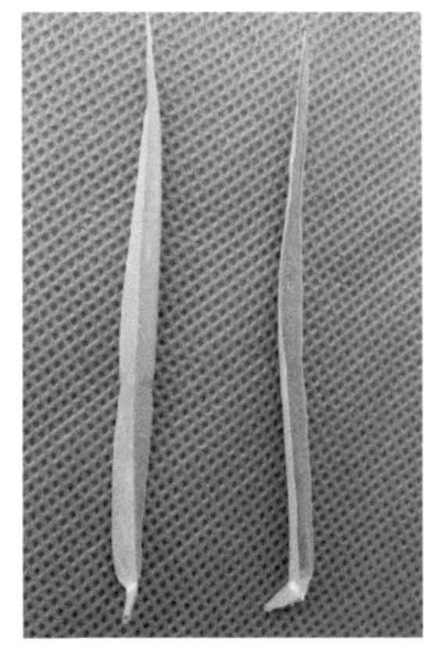

图 4　叶片

图 5　花序

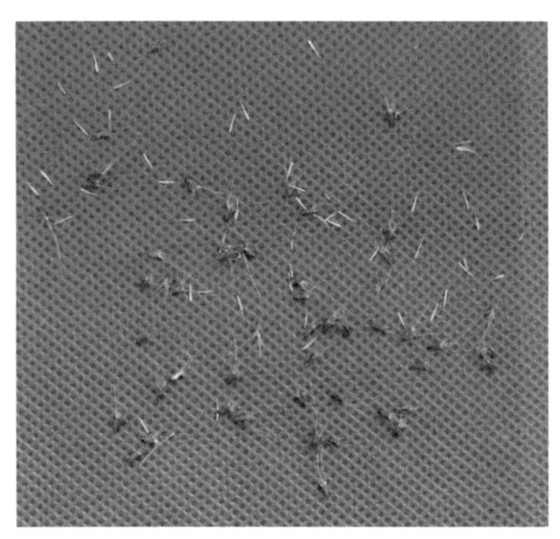

图 6　种子

丛生隐子草

主要信息描述

学名	*Cleistogenes caespitosa* Keng
英文名	Cespitose Cleistogenes
别名	无别名
蒙名	宝日拉格－哈扎嘎日－额不苏
地理区系	华北分布种
生活型	多年生丛生草本
水分生态类型	中旱生植物
生境	生于山坡、灌丛、草地
特征特性	秆纤细，基部常具短小鳞芽；叶片条形，扁平或内卷；圆锥花序长 7～12cm，宽 2～4cm，分枝常斜上，长 1～3cm；小穗长 5～11mm，含 3～5 小花。根系发达，耐旱、喜暖。7—8 月开花，9 月成熟。染色体 2n=20，28
饲用等级	良等
主要用途	牛、马、羊均喜食；是水土保持或植被恢复的优良牧草
最佳图像采集时期	7 月下旬
最佳种子收集时期	9 月上旬

图　像

图 1　生镜

图 2　植株

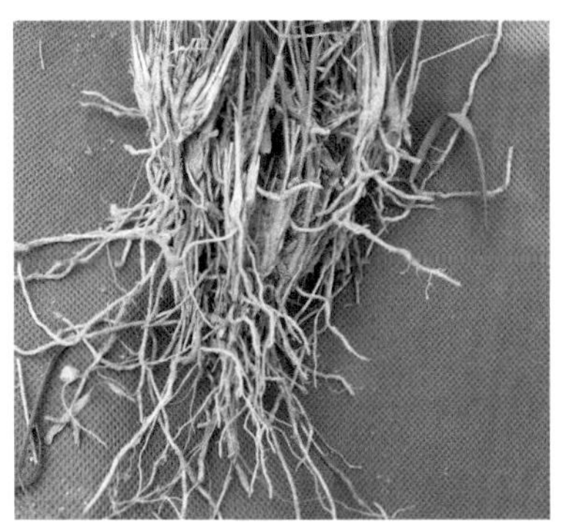

图 3　根系

图 4　叶片

图 5　花序

图 6　隐生花序

图 7　小穗

北京隐子草

主要信息描述

学名	*Cleistogenes hancei* Keng
英文名	Peking Cleistogenes
别名	韩氏隐子草
蒙名	北京音－哈扎嘎日－额布苏
地理区系	东亚分布种
生活型	多年生草本
水分生态类型	中旱生植物
生境	生于林缘、灌丛、沟谷
特征特性	具短的根状茎；秆较粗壮，直立，基部具向外斜伸的鳞芽，鳞片厚，坚硬；叶片条形，扁平或内卷，两面均粗糙，质硬，斜伸或平展；圆锥花序开展，长 6～9cm，具多数分枝，基部分枝长 3～5cm，斜上；小穗排列较紧密，长 8～14mm，含 3～7 小花。6—7 月开花，8—9 月成熟
饲用等级	良等
主要用途	牛、羊喜食
最佳图像采集时期	6 月下旬
最佳种子收集时期	8 月下旬

图 像

图1 生镜

图2 植株

图3 根系

图4 茎秆

图5 叶片

图6 花序

图7 小穗

稗

主要信息描述

学名	*Echinochloa crusgalli* (L.) Beauv
英文名	Barnyardgrass
别名	稗子、野稗、稗草
蒙名	奥存－好努格
地理区系	泛温带分布种
生活型	一年生疏丛草本
水分生态类型	中生植物
生境	生于河边、田间、路旁
特征特性	秆直立或基部倾斜，有时膝曲；叶片条形或宽条形，边缘粗糙，无毛或上面微粗糙；圆锥花序较疏松，呈不规则塔形，分枝柔毛、斜上或贴生，具小分枝；小穗密集排列于穗轴的一侧，单生或成不规则簇生，长为 3～4mm。分蘖力强，根系发达，再生性强。8 月上旬抽穗，中旬开花，9 月中下旬成熟。染色体 2n=36，48，54，72
饲用等级	优等
主要用途	鲜草马、牛、羊最喜食、干草牛最喜食、马、羊也喜食；籽实可以作为家禽畜的精料；在低湿盐碱地区，是很有栽培前途的草、料兼用的饲料作物；根及幼苗入药，能止血；茎叶纤维可作造纸原料；全草可作绿肥
最佳图像采集时期	8 月中旬
最佳种子收集时期	9 月中旬

图　像

图 1　生镜

图 2　植株

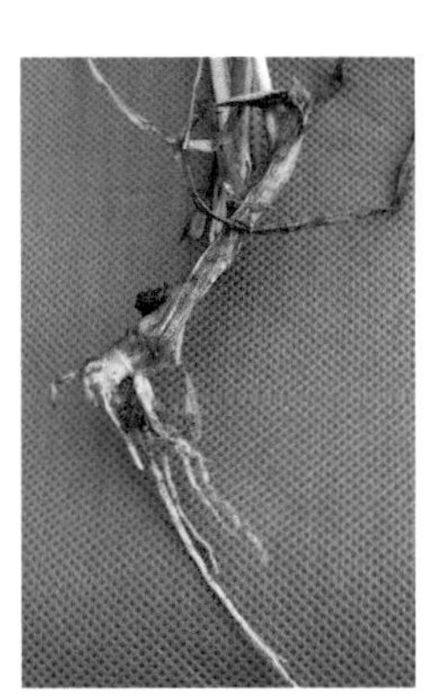

图 3　根系

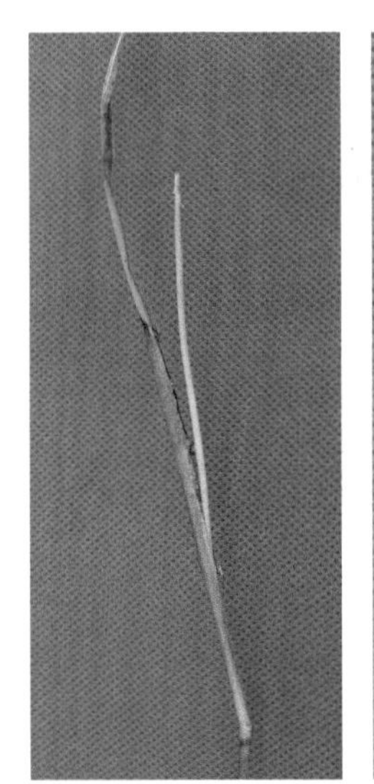

图 4　茎叶

图 5　花序

图 6　种子

披碱草

主要信息描述

学名	*Elymus dahuricus* Turcz.
英文名	Dahuria Wildryegrass
别名	直穗大麦草
蒙名	扎巴干 – 黑雅嘎
地理区系	东古北极分布种
生活型	多年生疏丛草本
水分生态类型	中生植物
生境	生于山坡、沟谷河岸、路旁
特征特性	须根状；秆直立，基部常膝曲；叶片扁平或干后内卷，上面粗糙，下面光滑；穗状花序直立，长 10 ~ 19cm，宽 6 ~ 10mm；小穗长 12 ~ 15mm，含 3 ~ 5 小花。耐旱、耐寒、耐碱、耐风沙，产草量高，结实性好。7 月开花，8—9 月成熟。染色体 2n=42
饲用等级	优等
主要用途	各类家畜喜食；可刈割调制成干草；可作为人工栽培牧草
最佳图像采集时期	7 月中旬
最佳种子收集时期	8 月下旬

图　像

图 1　生镜

图 2　根系

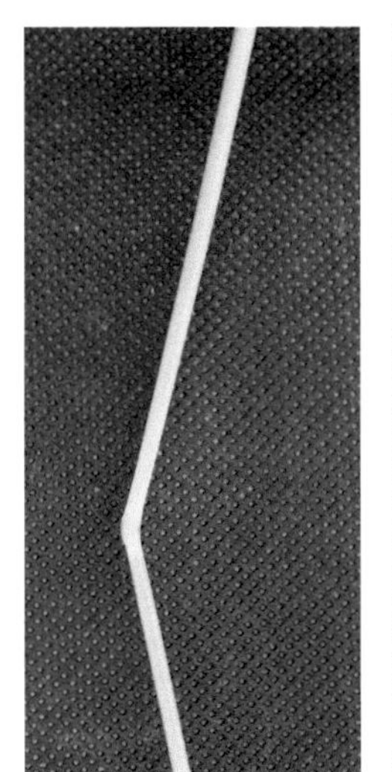

图 3　茎秆

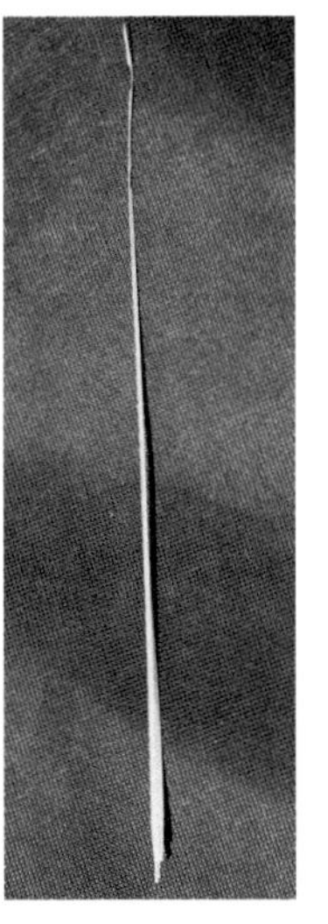

图 4　叶片

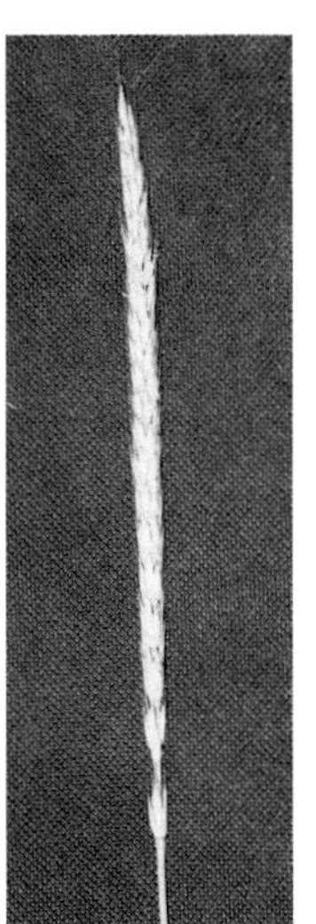

图 5　花序

图 6　小穗

垂穗披碱草

主要信息描述

学名	*Elymus nutans* Griseb.
英文名	Drooping Wildryegrass
别名	钩头草、弯穗草
蒙名	湿吉给日－扎巴干－黑雅嘎
地理区系	东古北极分布种
生活型	多年生疏丛草本
水分生态类型	中生植物
生境	生于林下、林缘
特征特性	具根茎；秆直立，基部节稍膝曲；叶片扁平或内卷，上面粗糙或疏生柔毛，下面平滑或有时粗糙；穗状花序排列较紧密，小穗多偏于穗轴的一侧，曲折，先端下垂，长 5～12cm；小穗长含 2～4 小花，通常仅 2～3 小花发育。茎叶繁茂，分蘖能力强，抗寒性强。5—6 月开花，7—8 月成熟。染色体 2n=42
饲用等级	良等
主要用途	各类家畜喜食；可调制干草或与其他牧草切碎混合青贮，用以冬春补饲马、牛、羊，可以保膘；可作为人工草地栽培牧草
最佳图像采集时期	6 月上旬
最佳种子收集时期	7 月下旬

图　像

图 1　生镜

图 2　植株

图 3　茎叶

图 4　花序

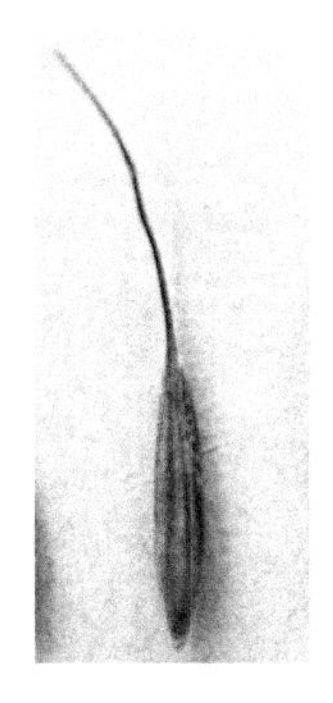

图 5　种子

老芒麦

主要信息描述

学名	*Elymus sibiricus* L.
英文名	Siberian Wildryegrass
别名	西伯利亚披碱草、垂穗大麦草
蒙名	西伯日音 – 扎巴干 – 黑雅嘎
地理区系	东古北极分布种
生活型	多年生草本
水分生态类型	中生植物
生境	生于林缘、山坡、丘陵、河谷、路旁
特征特性	须根密集而发育；秆单生或疏丛，直立或基部的节膝曲而稍倾斜；叶片扁平，内卷，长 10 ~ 20cm，宽 5 ~ 10mm，两面粗糙或下面平滑；穗状花序弯曲而下垂，长 12 ~ 18cm，穗轴边缘粗糙或具小纤毛；小穗长 13 ~ 19mm，含 3 ~ 5 小花。根系发达，入土较深；分蘖能力强，草质较柔软，叶量较大，对土壤要求不严，结实性能好，可单播或混播；抗寒、抗旱、耐一定的盐碱。5—6 月开花，7—8 月成熟。染色体 2n=28
饲用等级	优等
主要用途	各类家畜喜食；是一种有栽培前途的优良牧草
最佳图像采集时期	6 月下旬
最佳种子收集时期	7 月底至 8 月中旬

图　像

图1　生镜

图2　植株

图3　根系

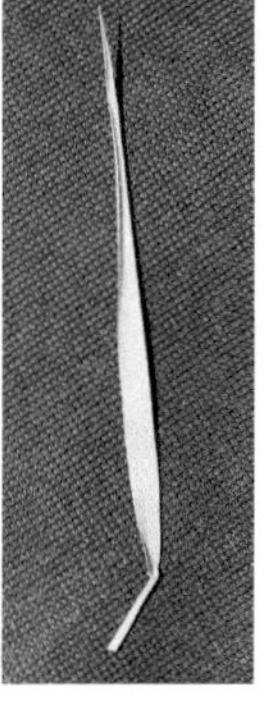

图4　叶片

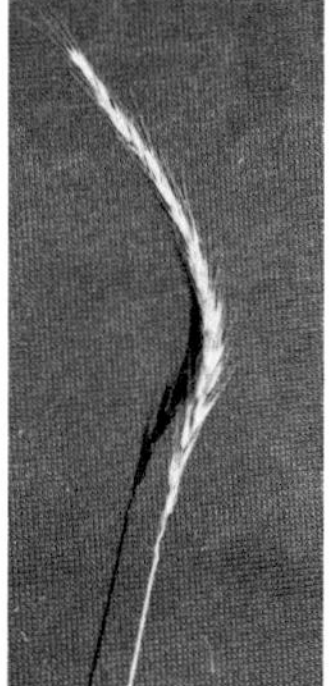

图5　花序

图6　小穗

图7　种子

偃麦草

主要信息描述

学名	*Elytrigia repens* (L.) Nevski
英文名	Quackgrass
别名	速生草
蒙名	高乐音－黑牙格
地理区系	古北极分布种
生活型	多年生疏丛草本
水分生态类型	旱中生植物
生境	生于沟谷、河岸、滩地
特征特性	具根茎；秆直立或基部倾斜，光滑，质硬；叶片上面疏被柔毛，下面粗糙。穗状花序长 8～18cm，宽约 1cm，棱边具小纤毛；小穗长 1.1～1.5cm，通常含 4～6 小花。喜温和湿润、疏松、肥沃的土壤，较耐旱、耐碱，根系发达，侵占力强，生长快，再生力强，耐牧与刈割，利用年限较长。6—7 月开花，8 月成熟。染色体 2n=42
饲用等级	优等
主要用途	马、牛、羊喜食，牛最喜食；可放牧；可刈割调制成干草；可用于水土保持和保护堤岸
最佳图像采集时期	7 月上旬
最佳种子收集时期	8 月中旬

图　像

图 1　生镜

图 2　植株

图 3　茎叶和花序

图 4　偃麦草花序

画眉草

主要信息描述

学名	*Eragrostis pilosa* (L.) Beauv.
英文名	Indian Lovegrass
别名	星星草
蒙名	呼日嘎拉吉
地理区系	泛北极成分
生活型	一年生疏丛草本
水分生态类型	中生植物
生境	生于田间、路边、荒地
特征特性	秆较细弱，直立、斜升或基部铺散，节常膝曲；叶片扁平或内卷，两面光滑无毛；圆锥花序开展，长 7～15cm，分枝平展或斜上，基部分枝近于轮生，枝腋具长柔毛；小穗长 2.5～6mm，宽约 1.2mm，含 4～8 小花。秆叶质地柔嫩。5—6 月开花，7—8 月成熟。染色体 2n=20，40
饲用等级	良等
主要用途	羊喜食，牛乐食，夏秋时骆驼亦乐食。雨水充沛时可在草群中形成一年生禾草层片，在草场中能起到明显的作用。全草入药，能疏风清热、利尿；花序能解毒、止痒
最佳图像采集时期	6 月上旬
最佳种子收集时期	7 月上旬

图　像

图 1　植株

图 2　花序

图 3　小穗

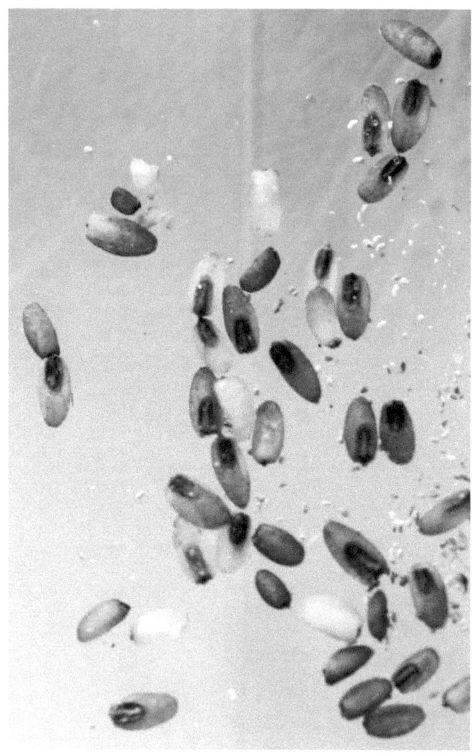

图 4　种子

小画眉草

主要信息描述

学名	*Eragrostis poaeoides* Beauv.
英文名	Little Lovegrass
别名	蚊蚊草、香莠子、星星草
蒙名	吉吉格－呼日嘎拉吉
地理区系	泛温带分布种
生活型	一年生草本
水分生态类型	中生植物
生境	生于田野、荒地、路边
特征特性	秆斜升或直立，基部节常膝曲并向外扩展；叶鞘脉上具腺点，鞘口具长柔毛；叶片扁平，边缘通常具腺体；圆锥花序开展，分枝单生；小穗卵状披针形至条状长圆形，长 4～9mm，含 4 至多数小花；颖果近球形。种子通常在夏季雨后萌发，6 月上旬开始生长，7 月中旬抽穗，8 月上旬开花，8 月下旬至 9 月初成熟。染色体 2n=20，40
饲用等级	优等
主要用途	青鲜时羊喜食，马和牛乐食，在夏秋季骆驼也乐食，冬季和春季一般不吃；是羊和马秋季保膘的牧草
最佳图像采集时期	8 月上旬
最佳种子收集时期	9 月初

图　像

图 1　生境

图 2　植株

图 3　根系

图 4　叶片

图 5　花序

图 6　小穗

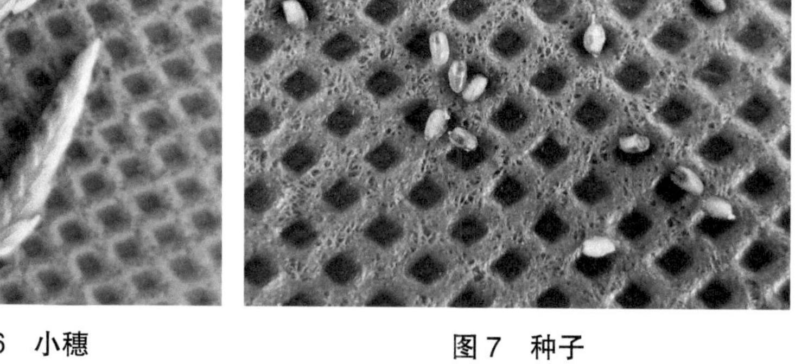

图 7　种子

羊　茅

主要信息描述

学名	*Festuca ovina* L.
英文名	Sheep Fescue
别名	狐茅
蒙名	宝体乌乐
地理区系	泛北极分布种
生活型	多年生密丛草本
水分生态类型	旱生植物
生境	生于林缘
特征特性	秆细瘦，直立，具条棱，光滑，仅近花序处具柔毛；叶丝状；圆锥花序紧缩成穗状，长 2～5cm，分枝长偏向一侧；小穗含 3～6 小花。分蘖力强，基生叶发达，营养枝叶片比生殖枝叶片长 2 倍多，形成较紧密的株丛；不易受霜冻危害；营养价值高，适应性较强，耐寒、耐旱，再生力强，耐牧，对土壤要求不严，pH 为 5～7 的土壤均能生长。5 月下旬至 6 月中旬开花，7—8 月成熟。染色体 2n=14，28
饲用等级	优等
主要用途	不论青鲜还是秋、冬季的枯草，均为各种家畜所喜食，耐牧；可作为山地草原带退化草场的补播草种；可用于绿化美化
最佳图像采集时期	6 月上旬
最佳种子收集时期	7 月中旬

图　像

图 1　生境

图 2　植株

图 3　根系

图 4　叶片

图 5　花序

图 6　小穗

短芒大麦草

主要信息描述

学名	*Hordeum brevisubulatum* (Trin.) Link
英文名	Shortsubulate Barley
别名	野黑麦、野大麦
蒙名	哲日力格 – 阿日白
地理区系	东古北极分布种
生活型	多年生疏丛草本
水分生态类型	中生植物
生境	生于碱地河滩
特征特性	常具短根茎；秆直立或下部节长膝曲，光滑；叶片长 2 ~ 12cm，宽 2 ~ 5mm；穗状花序顶生，长 3 ~ 9cm；三联小穗两侧不育，小穗长 4 ~ 5mm。枝叶繁茂，草质柔软，再生能力强，耐践踏；适应性强，耐旱及耐盐碱能力强；种子产量较低，且易脱落。6 月开花，7—8 月成熟。染色体 2n=28
饲用等级	优等
主要用途	各种家畜喜食，可调制成干草，是优良的放牧和刈割兼用型禾草；是建立人工草场的优良牧草，也是改良低湿盐碱化草场的良种
最佳图像采集时期	6 月上旬
最佳种子收集时期	7 月中旬

图　像

图 1　生境

图 2　植株

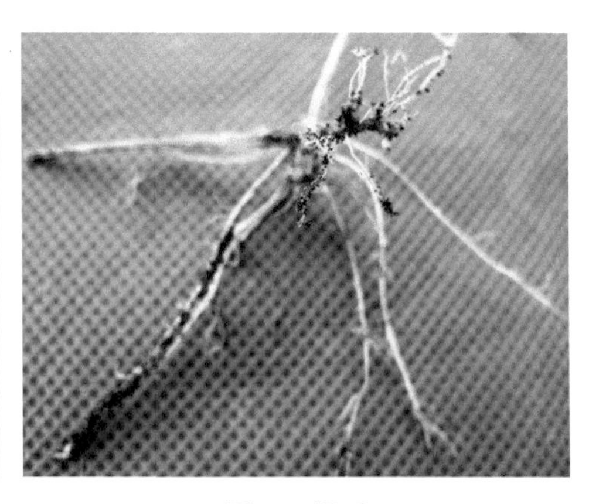

图 3　根系

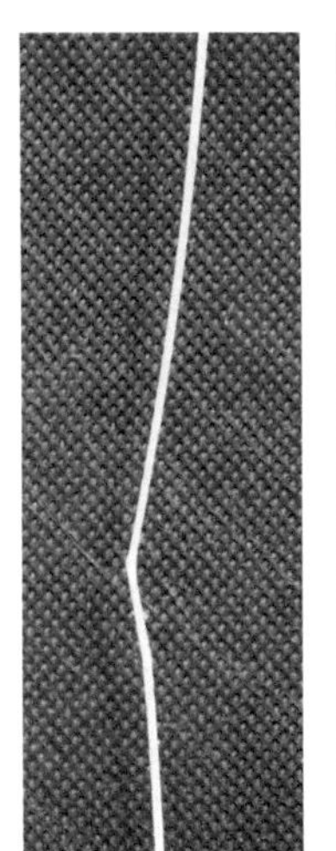

图 4　茎秆

图 5　叶片

图 6　花序

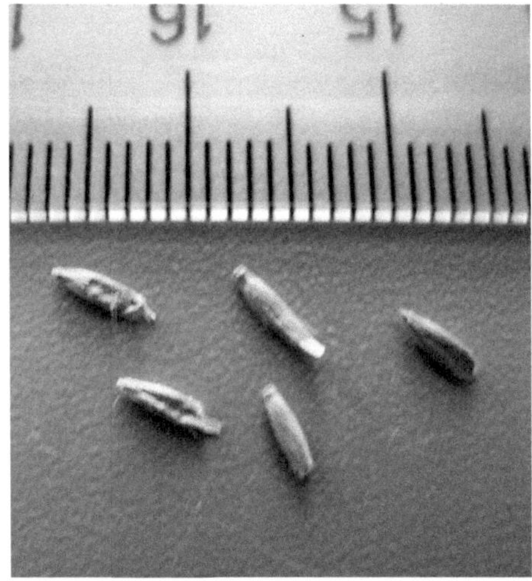

图 7　种子

主要信息描述

学名	*Lepidium Latifolium* L.
英文名	Grande Passerage
别名	羊辣辣、大辣辣、白花子
蒙名	乌日根 – 昌古
地理区系	古地中海分布种
生活型	多年生草本
水分生态类型	中生植物
生境	生于田边、路旁、渠道边
特征特性	茎直立；叶革质，披针形或矩圆状披针形；总状花序，花白色；短角果宽卵形。耐盐碱，不耐积水，喜温和少雨气候。6—7 月开花，8—9 月成熟。染色体 2n=24
饲用等级	优等
主要用途	猪、羊采食，骡、马、驴等大家畜不食。全草入药，主治菌痢、肠炎
最佳图像采集时期	6 月下旬
最佳种子收集时期	8 月下旬

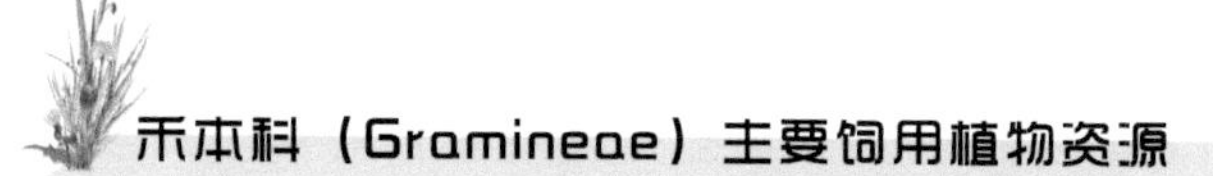

图　像

图 1　生镜

图 2　植株

图 3　根系

图 4　叶片

图 5　花序

图 6　种子

羊 草

主要信息描述

学名	*Leymus chinensis* (Trin.) Tzvel.
英文名	Chinese Leymus
别名	碱草
蒙名	黑雅嘎
地理区系	蒙古 – 华北 – 满洲分布种
生活型	多年生草本
水分生态类型	旱生 – 中旱生植物
生境	生于低山丘陵、河滩及盐渍低地上
特征特性	茎具砂套；秆直立，疏丛或单生；叶片质后而硬，扁平或干后内卷，上面粗糙或有长柔毛，下面光滑；穗状花序直立，长 12 ~ 18cm；小穗通常每节孪生或在花序上端或基部者单生，长 8 ~ 15mm，含 4 ~ 10 小花。地下根状茎发达，繁殖迅速，侵占性强，再生能力又强，寿命长，抗逆性强，既能耐寒、旱、碱、酸，也耐践踏和耐贫瘠。6 月开花，7—8 月成熟。染色体 2n=28
饲用等级	优等
主要用途	各种家畜喜食，为天然的打草场；是很好的水土保持植物；茎秆也是良好的造纸原料
最佳图像采集时期	6 月中旬
最佳种子收集时期	7 月下旬

图　像

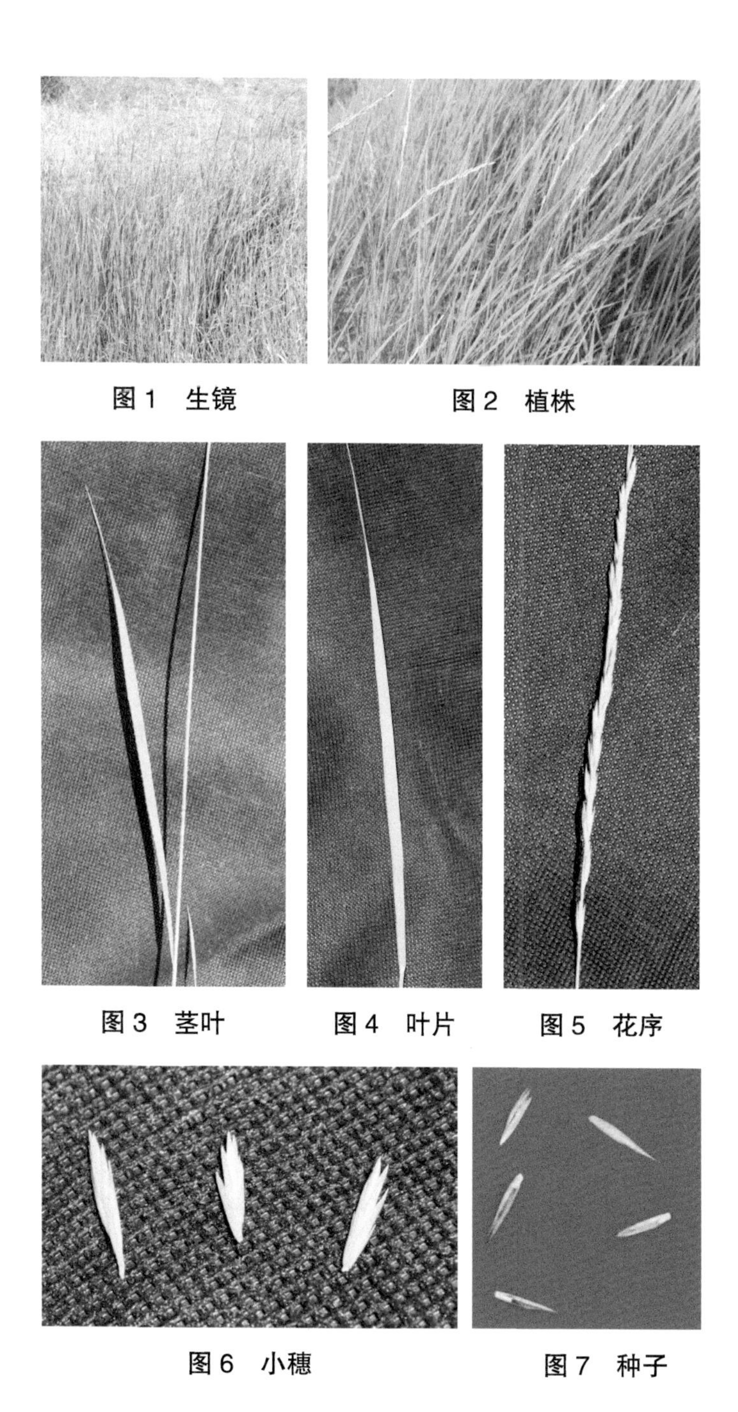

图 1　生镜

图 2　植株

图 3　茎叶

图 4　叶片

图 5　花序

图 6　小穗

图 7　种子

赖 草

主要信息描述

学名	*Leymus secalinus* (Georgi) Tzvel.
英文名	Common Leymus
别名	老披碱、厚穗碱草
蒙名	乌伦 – 黑雅嘎
地理区系	东古北极分布种
生活型	多年生草本
水分生态类型	旱中生植物
生境	生于田间、路旁
特征特性	具下深的根状茎；秆直立，较粗硬，单生或丛生；叶片扁平或干时内卷，上面及边缘粗糙或生短柔毛，下面光滑或微糙涩，或两面均被微毛；穗状花序直立，长 10 ~ 15cm，每节着生小穗 2 ~ 4 枚；小穗长 10 ~ 17mm，含 5 ~ 7 小花。植株较高大，叶量较丰富；但草质较粗糙；具有耐寒、耐旱、耐盐、耐瘠薄及侵占性强、颖果成熟好、易采集。6—7 月开花，8—9 月成熟。染色体 2n=28，42
饲用等级	良等
主要用途	各类家畜喜食，是保膘牧草；根可入药，具有清热、止血利尿作用；可在轻盐渍化土壤刈牧兼用的栽培草种；可用作防风固沙或水土保护的草种
最佳图像采集时期	6 月下旬
最佳种子收集时期	8 月下旬

图　像

图 1　生镜　图 2　植株　图 3　根系

图 4　茎秆　图 5　叶片　图 6　花序

图 7　小穗　图 8　种子

臭 草

主要信息描述

学名	*Melica scabrosa* Trin.
英文名	Rough Melic
别名	肥马草、枪草
蒙名	少格书日嘎
地理区系	东亚(满洲–华北–横断山脉)分布种
生活型	多年生疏丛草本
水分生态类型	中生植物
生境	生于山地阳坡、田野及砂地上
特征特性	秆直立或基部膝曲，较细弱；叶片扁平或纵向卷折；圆锥花序极狭窄，长 8～16cm；小穗柄短，弯曲而具关节，小穗长 5～7mm，含 2～4 枚孕性小花；颖果褐色，纺锤形。喜暖热气候，耐旱、耐瘠薄，对土壤要求不严，分布广，利用率高。6 月前后开花，7 月中旬至 8 月成熟。染色体 2n=18
饲用等级	中等
主要用途	牛、马少量采食，山羊喜食，若牲畜嚼食过多，会引起中毒，发生停食、腹胀、痉挛等症状，严重者可致死亡
最佳图像采集时期	6 月下旬
最佳种子收集时期	8 月中旬

图 像

图1　植株

图2　茎叶

图3　花序

图4　小穗

抱　草

主要信息描述

学名	*Melica virgata* Turcz. ex Trin.
英文名	Rod–shaped Melic
别名	无别名
蒙名	好日图－少格书日嘎
地理区系	东古北极分布种
生活型	多年生草本
水分生态类型	旱中生植物
生境	生于山坡岩石缝处
特征特性	秆丛生，细而硬；叶片常内卷，上面被柔毛，下面微粗糙；圆锥花序细长，长 10～20cm，分枝直立或斜向上升；小穗柄先端稍膨大，被微毛；小穗长 4～6mm，含 2～3 枚能育小花，顶端不孕。7 月前后开花，8 月中旬至 9 月成熟
饲用等级	中等
主要用途	羊、牛、马喜食，但采食过多，会引起中毒
最佳图像采集时期	7 月上旬
最佳种子收集时期	9 月上旬

图　像

图 1　生境

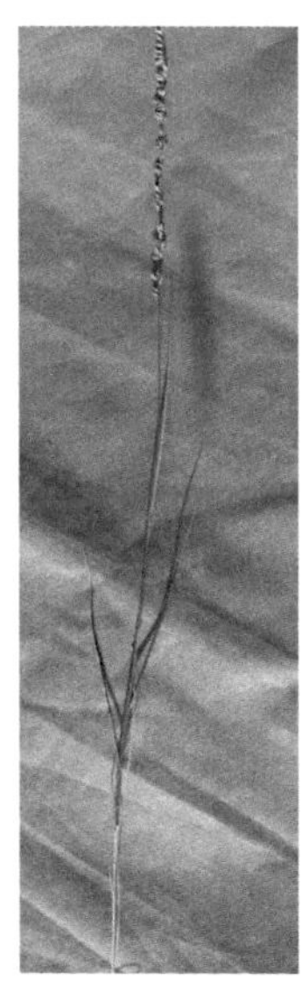
图 2　植株

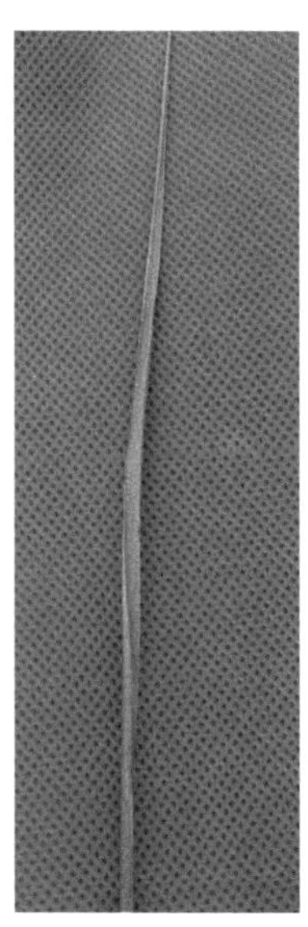
图 3　叶片

图 4　花序

图 5　小穗

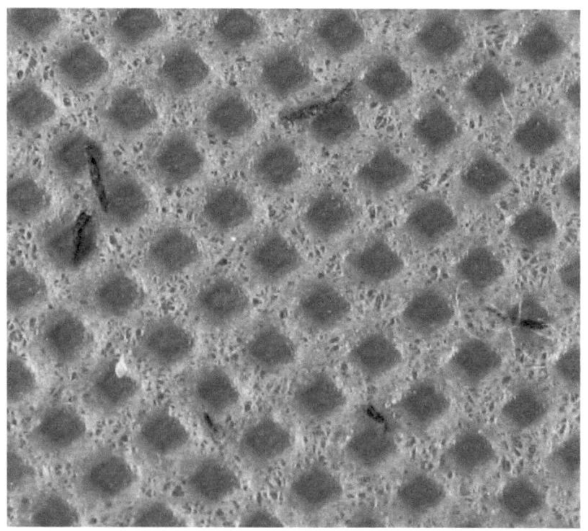
图 6　种子

白 草

主要信息描述

学名	*Pennisetum centrasiaticum* Tzvel.
英文名	Pennisetum
别名	中亚狼尾草、中亚白草
蒙名	昭巴拉格
地理区系	古地中海分布种
生活型	多年生草本
水分生态类型	旱生植物
生境	生于沟谷干燥沙质地
特征特性	秆单生或丛生，直立或基部略倾斜；叶片条形；穗状圆锥花序呈圆柱形，直立或微弯曲，主轴具棱；小穗多数单生，有时 2～3 枚成簇，长 4～7mm，总梗不显著。根状茎繁殖，分蘖力很强，能迅速繁衍，喜温，对水分条件有较广泛的适应性；7 月下旬至 8 月上旬抽穗，8 月中下旬开花，9 月中下旬成熟。染色体 2n=36
饲用等级	良等
主要用途	幼嫩时家畜喜食；根茎入药，能清热凉血、利尿，根茎也作蒙药用，能利尿、止血、杀虫、敛疮、解毒
最佳图像采集时期	8 月中旬
最佳种子收集时期	9 月中旬

图 像

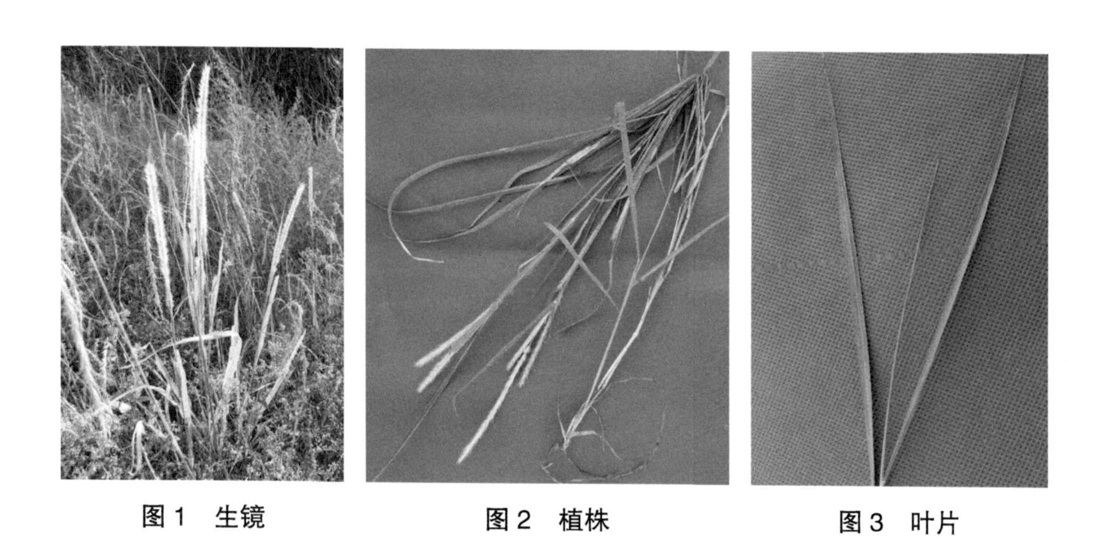

图 1　生镜　　图 2　植株　　图 3　叶片

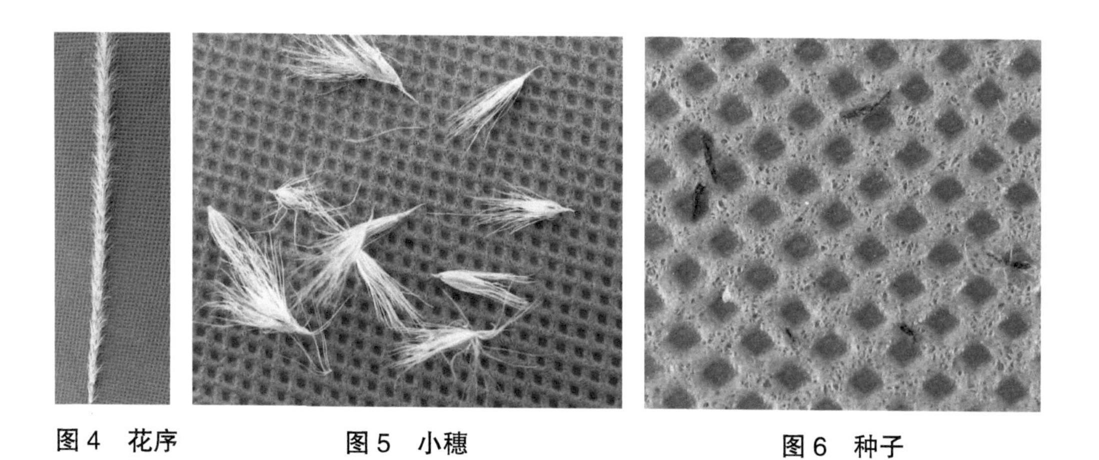

图 4　花序　　图 5　小穗　　图 6　种子

主要信息描述

学名	*Phalaris arundinacea* L.
英文名	Reed Canarygrass
别名	草芦
蒙名	宝拉格 – 额布苏
地理区系	泛温带分布种
生活型	多年生草本
水分生态类型	中生植物
生境	生于河滩，林缘，河谷及阶地
特征特性	地下横走根状茎粗壮，带红色；秆单生或少数丛生，直立；叶片扁平，长 4.5 ~ 31cm，宽 3.5 ~ 13.5mm，两面粗糙或贴生细微毛；圆锥花序紧密狭窄，长 5 ~ 16cm，宽 6 ~ 15mm，分枝向上斜升，长 10 ~ 25mm，密生小穗；小穗长 4 ~ 5mm。株丛高大粗壮，叶片宽大，生长较快，草质柔嫩。喜湿润，较耐寒、耐涝，喜肥沃土壤，不耐盐碱。6 月开花，7—8 月成熟。染色体 2n=14，28，42，56
饲用等级	良等
主要用途	为各种家畜所喜食；可作为在草甸草原地带建立人工草地的优良草种
最佳图像采集时期	6 月中旬
最佳种子收集时期	7 月下旬

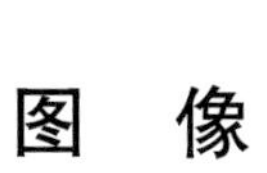

图 像

图 1　植株

图 2　根系

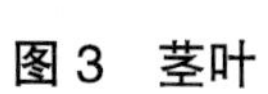

图 3　茎叶

图 4　叶片

图 5　花序

芦　苇

主要信息描述

学名	*Phragmites australis* (Cav.) Trin. ex Steud.
英文名	Common Reed
别名	芦草、苇子、葭草
蒙名	呼勒斯－好鲁苏
地理区系	世界分布种
生活型	多年生草本
水分生态类型	湿生植物
生境	生于河岸、山坡
特征特性	具根茎，秆直立、坚硬，圆锥花序稠密，开展，微下垂，长8～40cm，分枝及小枝粗糙。生活力强、寿命长，根系十分发达，无性繁殖、侵占力和再生力强，耐牧，耐践踏，对环境的适应和忍耐力都很强。7—8月开花，8月中旬至9月。染色体2n=36，48，96
饲用等级	优等
主要用途	高型芦苇常作为建筑材料、造纸、纺织等工业用途；中、矮型芦苇的饲用价值较高，抽穗前大家畜喜食；开花前割制的干草，为大家畜乐食；可用来制作青贮饲料，大家畜喜食。小芦苇(矮型芦苇)是春季家畜保膘的优良牧草，放牧利用或刈割饲喂家畜均可
最佳图像采集时期	8月上旬
最佳种子收集时期	9月下旬

图　像

图 1　生镜

图 2　植株

图 3　茎叶

图 4　叶片

图 5　花序

图 6　小穗

草地早熟禾

主要信息描述

学名	*Poa pratensis* L.
英文名	Kentucky Bluegrass
别名	六月禾
蒙名	塔拉音 – 伯页力格 – 额不苏
地理区系	世界分布种
生活型	多年生疏丛草本
水分生态类型	中生植物
生境	生于河边沙地、林缘及疏林下
特征特性	具根茎; 秆直立; 叶片条形,扁平或有时内卷,上面微粗糙,下面光滑; 圆锥花序卵圆形或金字塔形,开展,长 10 ~ 20cm,宽 2 ~ 5cm,每节具 3 ~ 5 分枝;小穗长 4 ~ 6mm,含 2 ~ 5 小花。适宜生长在冷湿的气候环境,生长在中性到微酸性土壤,也能耐 pH 为 7.0 ~ 8.7 的盐碱土,具有一定的耐旱性和较强的抗寒能力。5—6 月开花,7—8 月成熟。染色体 2n=28,56
饲用等级	优等
主要用途	各种家畜均喜食,可用于放牧;可调制成干草;是广泛利用的优质、冷季草坪草
最佳图像采集时期	6 月上旬
最佳种子收集时期	7 月下旬

图　像

图 1　生镜

图 2　植株

图 3　根系

图 4　花序

图 5　小穗

图 6　种子

硬质早熟禾

主要信息描述

学名	*Poa sphondylodes* Trin.
英文名	Hard Bluegrass
别名	铁丝草、龙须
蒙名	疏如棍－柏页力格－额布苏
地理区系	东亚分布种
生活型	多年生密丛草本
水分生态类型	中旱生植物
生境	生于林缘
特征特性	须根纤细，根外常具砂套；秆直立，细硬；叶片扁平，稍粗糙；圆锥花序紧缩，长 3～10cm，宽约 1cm，每节具 2～5 分枝，粗糙；小穗长 5～7mm，含 3～6 小花。喜光，耐寒、耐旱，生态幅度广，对土壤要求不严。5—6 开花，7—8 月成熟。染色体 2n=28，42
饲用等级	良等
主要用途	适口性好，马、羊喜食；利用期长，刈草或放牧兼用；是家畜越冬很好的补充饲草，粉碎后的草粉还可饲喂猪、鸡
最佳图像采集时期	6 月上旬
最佳种子收集时期	7 月下旬

图　像

图 1　生境

图 2　植株

图 3　根系

图 4　叶片

图 5　花序

图 6　种子

碱 茅

主要信息描述

学名	*Puccinellia distans* (Jacq.) Parl.
英文名	Weeping Alkaligrass
别名	铺茅、东碱茅
蒙名	乌龙
地理区系	泛北极分布种
生活型	多年生丛生草本
水分生态类型	中生植物
生境	生于盐湿低地、河边积水地、路旁
特征特性	秆丛生，直立或基部膝曲，基部常膨大；叶片扁平或内卷，上面微粗糙，下面近于平滑；圆锥花序开展，长 10～15cm，分枝及小穗柄微粗糙；小穗长 3～5mm，含 3～6 小花。结实率高，成熟好，种子易收，繁殖快；抗旱能力强，耐低温，耐盐碱，分蘖力强；喜湿润、微碱性土壤。6 月上中旬开花，7 月中旬成熟。染色体 2n=14
饲用等级	良等
主要用途	各类家畜均喜食；可作为盐化放牧场的补播牧草，适宜在轻度盐碱化土壤上栽培利用
最佳图像采集时期	6 月上旬
最佳种子收集时期	7 月中旬

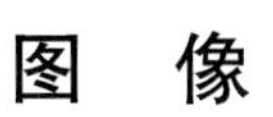

图　像

图 1　生镜

图 2　植株

图 3　根系

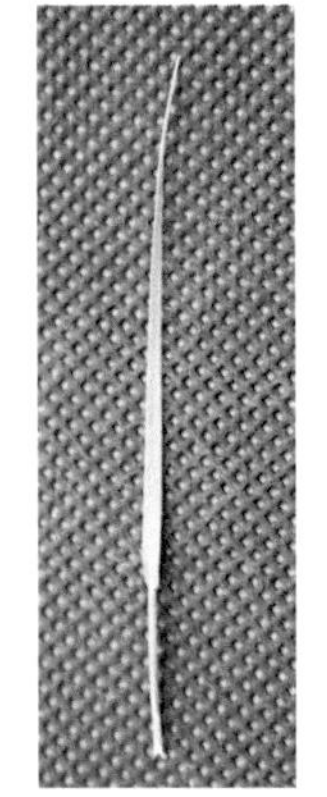

图 4　叶片

图 5　花序

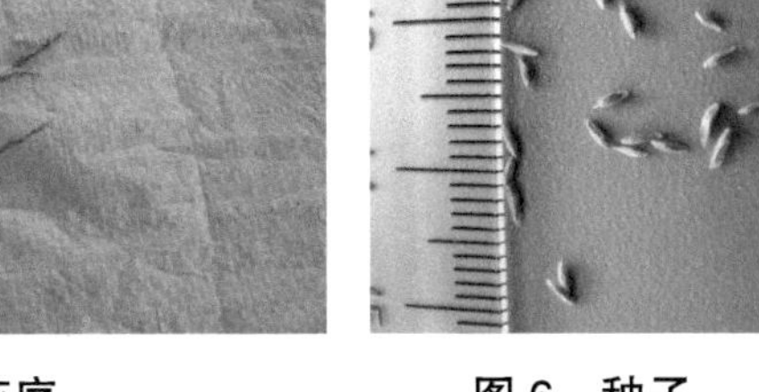

图 6　种子

鹅观草

主要信息描述

学名	*Roegneria kamoji* Ohwi
英文名	Common Roegneria
别名	弯鹅观草、弯穗鹅观草、垂穗鹅观草、弯穗大麦草
蒙名	黑鸦嘎拉吉
地理区系	东亚分布种
生活型	多年生丛生草本
水分生态类型	中生植物
生境	生于林缘、沟谷
特征特性	秆直立或基部倾斜；叶片扁平，无毛；穗状花序长 9 ~ 15cm，弯曲下垂，穗轴边缘粗糙或具小纤毛；小穗长 12 ~ 18mm，含 3 ~ 10 小花。生态幅比较宽，适应的降水范围是 400 ~ 1 700mm，既可在砂质土上生长，也可在黏质土上生长，适应的土壤 pH 为 4.5 ~ 8，耐寒、耐旱，叶质柔软繁茂，早春萌发早。5 月开花，6 月底 7 月初成熟。染色体 2n=42
饲用等级	良等
主要用途	各种家畜均喜食；是良好的水土保持植物
最佳图像采集时期	5 月下旬
最佳种子收集时期	7 月上旬

图　像

图 1　生镜

图 2　植株

图 3　根系

图 4　花序

图 5　种子

直穗鹅观草

主要信息描述

学名	*Roegneria turczaninovii* (Drob.) Nevski
英文名	Roegneria
别名	无别名
蒙名	宝苏嘎－黑雅嘎拉吉
地理区系	东古北极分布种
生活型	多年生疏丛草本
水分生态类型	中生植物
生境	生于山坡、山沟、林缘
特征特性	具短根头；秆疏丛，细瘦；叶片质软而扁平，上面被细纤毛，下面无毛；穗状花序直立，长 8～14cm，穗轴棱边粗糙，小穗长偏于一侧，长 14～17mm，含 5～7 小花。植株高大，茎叶繁茂，喜生于土层深厚、结构良好、水肥条件较好的土壤。7—8 月开花，8—9 月成熟。染色体 2n=28
饲用等级	良等
主要用途	各种家畜均喜食，尤以牛、马最喜食；可刈割调制成干草，做冬贮饲草；可驯化栽培
最佳图像采集时期	7 月中旬
最佳种子收集时期	8 月下旬

图　像

图 1　生镜

图 2　植株

图 3　根系

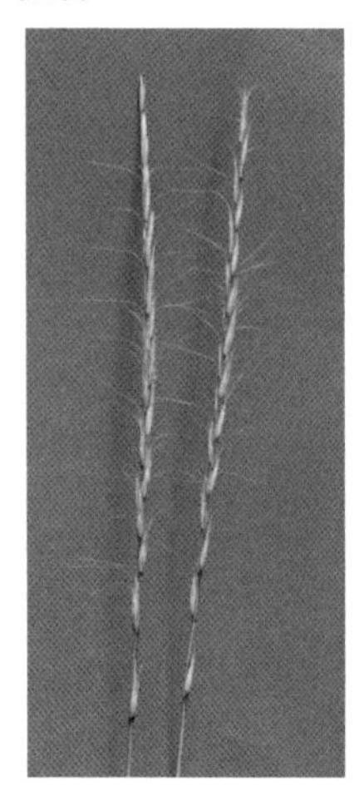

图 4　花序

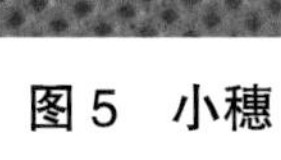

图 5　小穗

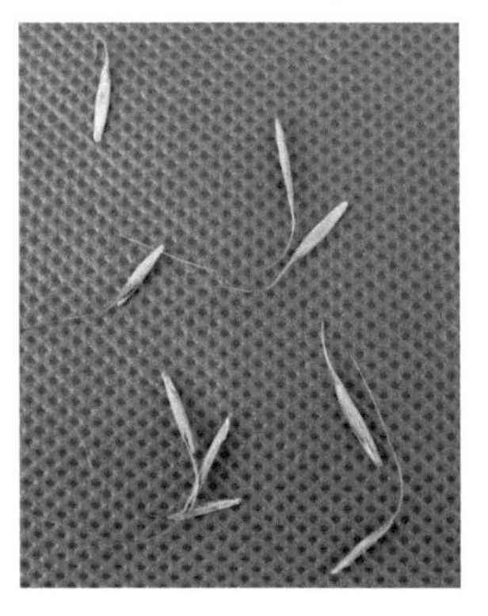

图 6　种子

狗尾草

主要信息描述

学名	*Setaria viridis* (L.) Beauv.
英文名	Green Bristlegrass
别名	谷莠子、毛莠莠、毛狗草、莠
蒙名	乌日音 – 苏乐
地理区系	世界分布种
生活型	一年生草本
水分生态类型	中生植物
生境	生于田间、杂草地
特征特性	秆直立或基部稍膝曲，单生或疏丛生，通常较细弱；叶片扁平，条形或披针形，上面极粗糙，下面稍粗糙，边缘粗糙；圆锥花序紧密呈圆柱形，直立，有时下垂，长 2～8cm，宽 4～8mm；小穗长 2～2.5mm。在盐碱地、酸性土、钙质土均能生长；耐干旱、耐瘠薄；种子产量大，发芽率高，落地后可以自生，尤其是雨季迅速生长。染色体 2n=18
饲用等级	良等
主要用途	鲜、干草马、牛食，羊喜食草地上的枯落干草。种子可供家禽饲用。全草入药，能清热明目、利尿、消肿排脓。颖果也作蒙药用，能止泻涩肠
最佳图像采集时期	7 月中旬
最佳种子收集时期	9 月上旬

图 像

图1 生镜

图2 植株

图3 根系

图4 茎叶

图5 叶片

图6 花序

图7 种子

长芒草

主要信息描述

学名	*Stipa bungeana* Trin.
英文名	Bunge Needlegrass
别名	本氏针茅
蒙名	西伯格特－黑拉干那
地理区系	亚洲中部分布种
生活型	多年生密丛草本
水分生态类型	旱生植物
生境	生于大青山分水岭以南的干燥石质山坡、丘陵坡地
特征特性	须根坚韧，外具砂套；秆直立或斜升，基部膝曲；叶片纵卷成针状；圆锥花序基部被顶生叶鞘包裹，成熟后深出鞘外，长 10～30cm，分枝细弱，粗糙或具短刺毛，2～4 枝簇生，直立或斜升；小穗稀疏；芒二回膝曲，芒针长 3～5cm。秋季，在叶鞘基部生有珠芽，珠芽脱离母体形成新的植株，这是长芒草的一种特殊繁殖方式。6 月开花，7 月成熟
饲用等级	良等
主要用途	山羊、绵羊、马喜食，牛次之；是重要的放牧型牧草；易调制成干草
最佳图像采集时期	6 月中旬
最佳种子收集时期	7 月上旬

图 像

图1 生镜

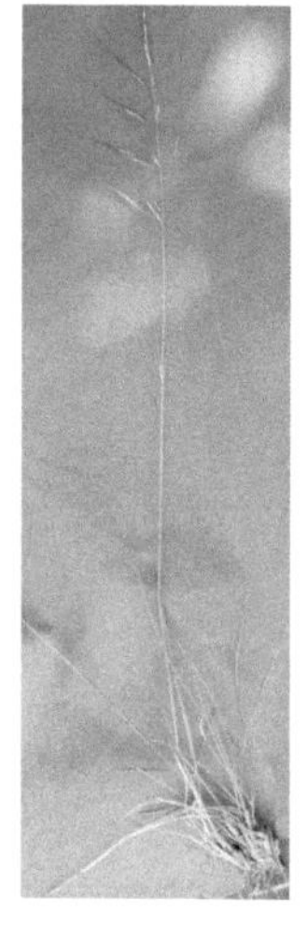

图2 植株

图3 根系

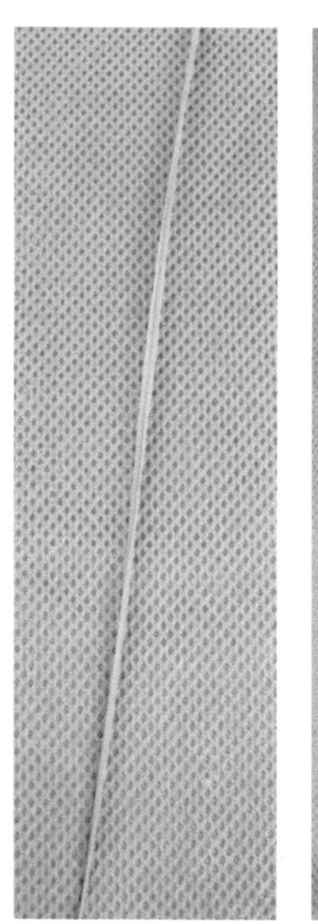

图4 叶片

图5 花序

图6 小穗

戈壁针茅

主要信息描述

学名	*Stipa gobica* Roshev.
英文名	Gobi Needlegrass
别名	无别名
蒙名	高壁音－黑拉于那
地理区系	戈壁－蒙古分布种
生活型	多年生密丛草本
水分生态类型	旱生植物
生境	生于干燥砾石质山坡
特征特性	秆斜升或直立，基部膝曲；秆生叶长 2～4cm，基生叶长可达 2cm；圆锥花序下部被顶生叶鞘包裹，分枝细弱，光滑，直伸，单生或孪生；芒一回膝曲，芒柱扭转，光滑，长约 1.5cm，芒针急折弯曲近呈直角，非弧状弯曲，长 4～6cm，着生长 3～5mm 的柔毛，柔毛顶端渐短。常以岛状形式与其他砾石生群落组合在一起，构成群里复合体。6 月开花，7 月成熟
饲用等级	良等
主要用途	为各种家畜所喜食
最佳图像采集时期	6 月上旬
最佳种子收集时期	7 月上旬

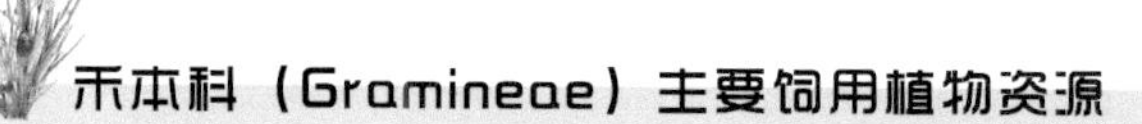

图 像

图 1 生镜

图 2 植株

图 3 花序

图 4 叶舌

图 5 芒柱和芒针

图 6 种子

大针茅

主要信息描述

学名	*Stipa grandis* P. Smirn.
英文名	Large Needlegrass
别名	无别名
蒙名	黑拉干那
地理区系	黄土高原－蒙古高原东部分布种
生活型	多年生密丛草本
水分生态类型	旱生植物
生境	生于山地典型草原
特征特性	秆直立；叶鞘粗糙；基生叶条形，长可50cm以上，茎生叶较短；圆锥花序，基部包于叶鞘内，长20～50cm，2～4分枝簇生；芒二回膝曲，芒针丝状卷曲，长10～18cm，全芒光滑。根系发达，根在砂质土壤中具有砂套；温带半干旱大陆性气候，是形成大针茅地带性草地的基本条件，适宜砂质土壤，不适宜经常受地下水影响的草甸土或盐碱化土。4—5月萌发，7月末8月初抽穗，8月中旬、下旬开花，9月种子成熟
饲用等级	良等
主要用途	各种家畜均喜食，特别是春季；多作为放牧地利用，适宜各种家畜放牧，特别是马群
最佳图像采集时期	8月中旬
最佳种子收集时期	9月上旬

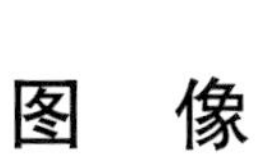

图　像

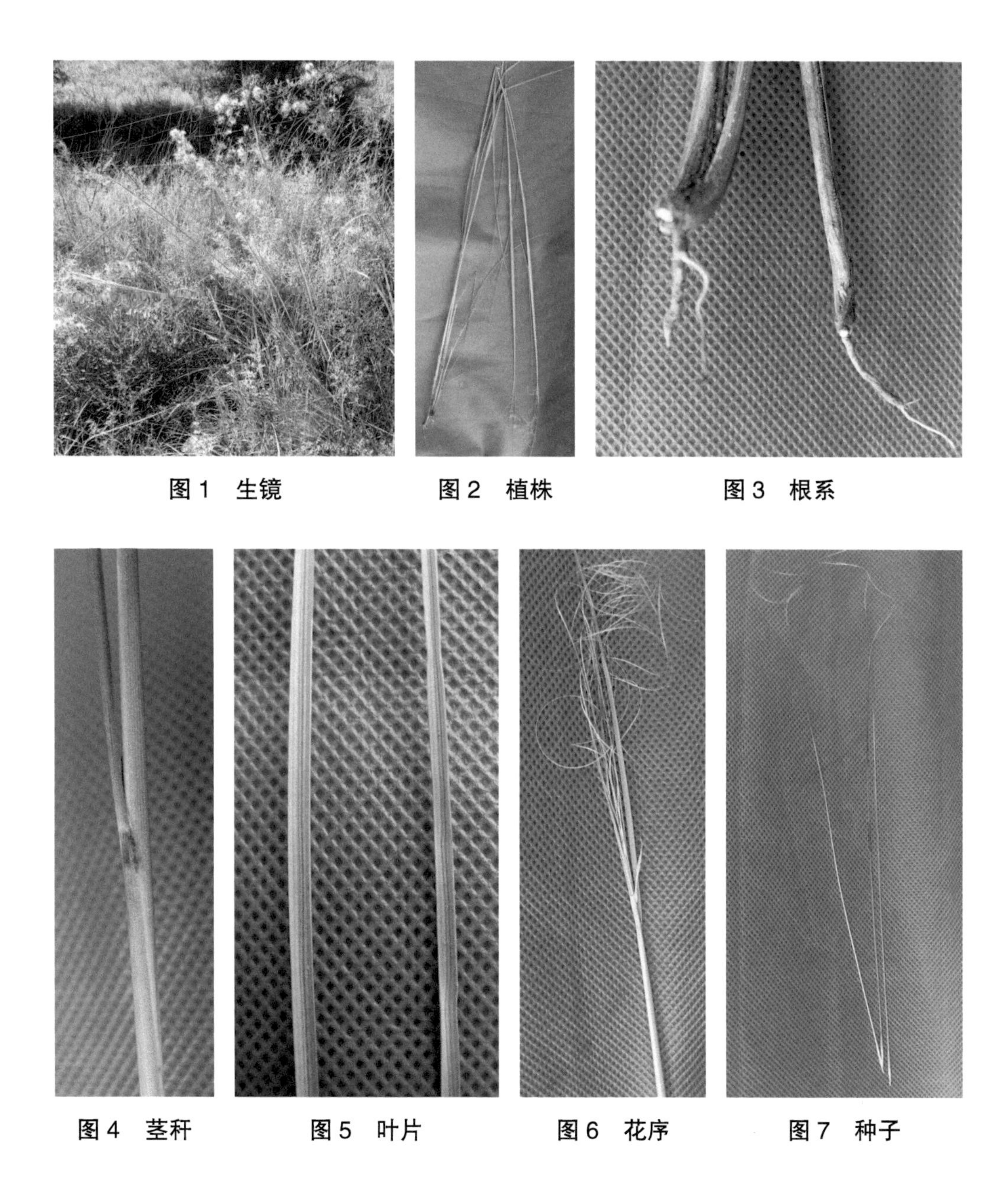

图 1　生镜　　图 2　植株　　图 3　根系

图 4　茎秆　　图 5　叶片　　图 6　花序　　图 7　种子

克氏针茅

主要信息描述

学名	*Stipa krylovii* Roshev.
英文名	Krylov Needlegrass
别名	西北针茅
蒙名	塔拉音－黑拉干那
地理区系	亚洲中部分布种
生活型	多年生密丛草本
水分生态类型	旱生植物
生境	生于山地草原
特征特性	秆直立；叶鞘光滑；基生叶长达 30cm，茎生叶长达 10～20cm；圆锥花序基部包于叶鞘内，分枝细弱，2～4 枚簇生；小穗稀疏；芒二回膝曲，芒针丝状弯曲，长 7～12cm。具有发达的根系，地上部分由多数分蘖形成密集的草丛；喜暖、耐旱，不耐盐，耐牲畜践踏。4 月下旬返青，7 月末开始抽穗，8 月上旬开花盛期，8 月下旬种子陆续成熟
饲用等级	良等
主要用途	春季和夏季抽穗前牛、马、羊均喜食
最佳图像采集时期	8 月上旬
最佳种子收集时期	9 月上旬

图 像

图 1 生境　图 2 植株　图 3 茎叶

图 4 叶片　图 5 花序　图 6 种子

豆科（Leguminosae）主要野生饲用植物资源

二、豆科 (Leguminosae) 主要野生饲用植物资源

斜茎黄芪

主要信息描述

学名	*Astragalus adsurgens* Pall.
英文名	Erect Milkvetch
别名	直立黄芪、马拌肠、麻豆秧
蒙名	矛日音－好恩其日
地理区系	东古北极分布种
生活型	多年生草本
水分生态类型	中旱生植物
生境	生于山坡草地、林间及荒地等处
特征特性	高 20～60cm。根较粗壮。茎斜升。单数羽状复叶，具小叶 7～23，小叶卵状椭圆形、椭圆形或矩圆形。总状花序腋生，蓝紫色、近蓝色或红紫色，稀近白色。荚果矩圆形。适应性强，抗旱、抗寒、抗盐、耐高温，抗风沙。7—8 月开花，8—10 月成熟。染色体 2n=16
饲用等级	良等
主要用途	开花前，羊、马、牛喜均乐食，开花后适口性降低。骆驼冬季采食，可作改良天然草场和培育人工牧草地之用。可作为水土保持植物和绿肥植物。种子可作“沙苑子”入药
最佳图片采集时期	7 月中旬
最佳种子收集时期	9 月上旬

图　像

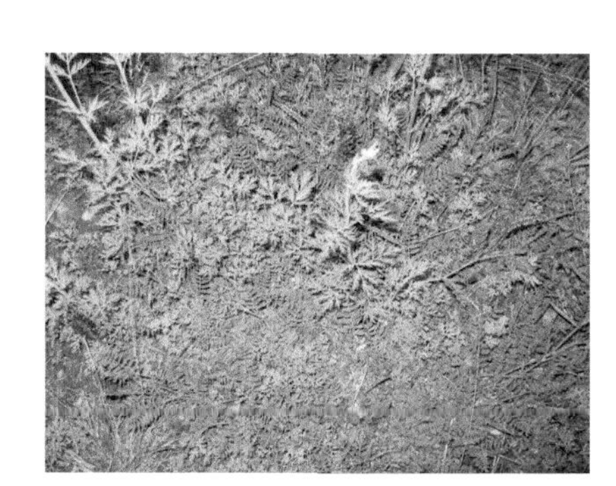
图1　生境

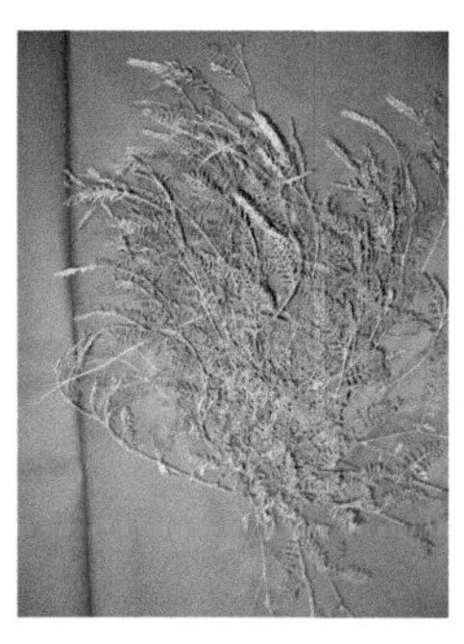
图2　植株

图3　枝条

图4　叶

图5　花序

图6　荚果

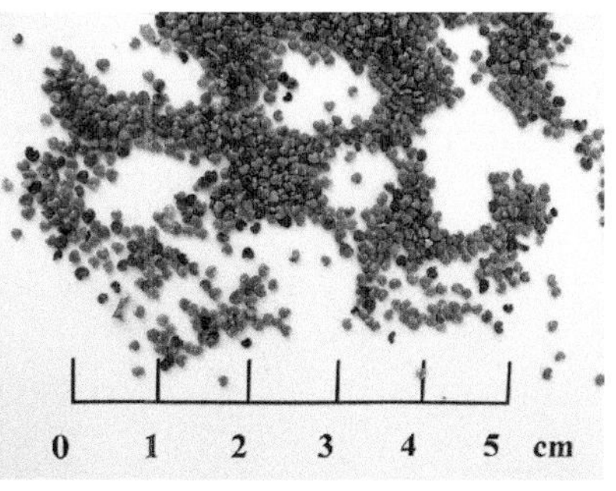

图7　种子

达乌里黄芪

主要信息描述

学名	*Astragalus dahuricus* (Pall.) DC.
英文名	Dahur Milkvetch
别名	驴干粮、兴安黄芪、野豆角花
蒙名	禾伊音干－好恩其日
地理区系	东古北极分布种
生活型	一年或二年生草本
水分生态类型	旱中生植物
生境	生于山坡、沟边、田边及荒地等处
特征特性	高 30～60cm。茎直立。单数羽状复叶，具小叶 11～21，小叶矩圆形、狭矩圆形至倒卵状矩圆形，稀近椭圆形。总状花序腋生，具 10～20 朵花，花紫红色。荚果圆筒状。喜生于沙质性土壤，具有一定的耐寒、抗旱能力。7—9 月开花， 8—10 月成熟。染色体 2n=16
饲用等级	良等
主要用途	鲜嫩时各种家畜均喜食，可作放牧或刈割调制成干草，可作天然草地的补播材料，也可作绿肥，改良土壤
最佳图片采集时期	8 月上旬
最佳种子收集时期	9 月中旬

图 像

图1 生境　　图2 植株　　图3 根系

图4 茎叶　　图5 叶　　图6 花序

图7 小花　　图8 种子

草木樨状黄芪

主要信息描述

学名	*Astragalus melilotoides* Pall.
英文名	Sweetcloverlike Milkvetch
别名	扫帚苗、层头、小马层子、马梢、草木樨状紫云英
蒙名	哲格仁－希勒比
地理区系	东古北极分布种
生活型	多年生草本
水分生态类型	中旱生植物
生境	生于石质山坡、林缘等处
特征特性	高 30～100cm。根深长，较粗壮。茎直立或稍斜升。单数羽状复叶，具小叶 3～7，小叶矩圆形或条状矩圆形。总状花序腋生，花小，粉红色或白色。荚果近圆形或椭圆形。分布广泛，耐旱、耐轻度盐渍化。7—8 月开花，8—9 月成熟。染色体 2n=32
饲用等级	良等
主要用途	春季幼嫩时，羊、马、牛喜采食，开花后品质下降。骆驼四季均采食。可作为水土保持植物。茎秆可作扫帚。全草入药，主治风湿性关节疼痛、四肢麻木
最佳图片采集时期	7 月中旬
最佳种子收集时期	8 月中旬

图　像

图1　生境

图2　植株

图3　枝条

图4　叶

图5　花序

图6　果序

甘蒙锦鸡儿

主要信息描述

学名	*Caragana opulens* Kom.
英文名	Kansu Peashrub
别名	Gansu–Mongol Peashrub
蒙名	柴布日 – 哈日嘎纳
地理区系	华北 – 横断山脉分布种
生活型	灌木
水分生态类型	中旱生植物
生境	生于山地、丘陵、山坡等处
特征特性	高 40 ~ 60cm。小枝细长，带灰白色，有条棱。长枝上的托叶宿存并硬化成针刺状；短枝上的托叶脱落。小叶 4，假掌状排列，小叶较宽，倒卵状披针形，叶片平展。花单生，花冠黄色。荚果圆筒形，无毛。耐干旱性较强。5—6 月开花，6—7 月成熟。染色体 2n=16，32
饲用等级	良等
主要用途	粗脂肪、粗蛋白质含量较高，是优良的饲料。可作燃料、绿肥。也是荒山绿化的主要灌木树种
最佳图片采集时期	5 月下旬
最佳种子收集时期	6 月下旬

图　像

图 1　生境

图 2　植株

图 3　茎

图 4　花枝

图 5　花

图 6　荚果

狭叶锦鸡儿

主要信息描述

学名	*Caragana stenophylla* Pojark.
英文名	Narrow-leaf Peashrub
别名	红柠角、红柠条、羊柠条、红刺、柠角
蒙名	纳日音 – 哈日嘎纳
地理区系	华北—蒙古高原东部分布种
生活型	矮灌木
水分生态类型	旱生植物
生境	生于山坡、山沟岩石裂隙及沙土上
特征特性	高 15 ~ 70cm。叶轴在长枝上宿存且硬化成针刺状，短枝上无叶轴，小叶 4，假掌状排列，条状倒披针形，多少纵向折叠。花单生，花冠黄色。荚果圆筒形。具有广泛的生态幅度，喜生于砂砾质土壤、沙质地。5—9 月开花，6—10 月成熟。染色体 2n=32
饲用等级	良等
主要用途	当年生枝条柔软，适口性好，耐牧再生力强，绵羊、山羊春季最喜食花，食后体力恢复较快，易上膘。骆驼四季均喜食。牛、马一般不采食
最佳图片采集时期	7 月中旬
最佳种子收集时期	8 月下旬

图　像

图1　植株

图2　花枝

图3　叶

图4　花

甘 草

主要信息描述

学名	*Glycyrrhiza uralensis* Fisch.
英文名	Ural Licorice
别名	甜草苗
蒙名	希禾日 – 额布斯
地理区系	古地中海分布种
生活型	多年生草本
水分生态类型	中旱生植物
生境	生于沙质土的田边、路旁等地
特征特性	高30～70cm。具根茎，主根粗而长。茎直立，稍带木质。单数羽状复叶，具小叶7～17，小叶卵形、倒卵形、近圆形或椭圆形。总状花序，花淡蓝紫色或紫红色。荚果条状矩圆形、镰刀型或弯曲成环状。种子扁圆形或肾形，黑色。耐旱性强、生态幅度较广，喜生于排水良好、阳光充足、土层深厚的栗钙土和灰钙土上。6—7月开花，7—9月成熟。染色体2n=16
饲用等级	中等
主要用途	幼嫩时骆驼乐食，干枯后各种家畜均喜食，可放牧或刈制干草。根可入药，主治咽喉肿疼、咳嗽、脾胃虚弱等症。可作啤酒的泡沫剂或酱油、蜜饯、果品香料剂。可调制成灭火器的泡沫剂
最佳图片采集时期	7月上旬
最佳种子收集时期	8月下旬

图 像

图 1 生境

图 2 植株

图 3 叶

图 4 小叶

图 5 果序

图 6 种子

狭叶米口袋

主要信息描述

学名	*Gueldenstaedtia stenophylla* Bunge
英文名	Narrow–leaf Gueldenstaedtia
别名	地丁、细叶米口袋
蒙名	纳日音 – 莎勒吉日
地理区系	东古北极分布种
生活型	多年生草本
水分生态类型	旱生植物
生境	生于丘陵沙地、路旁
特征特性	高 5～15cm。主根圆柱状。茎短缩。单数羽状复叶，具小叶 7～19，小叶春季常为近卵形，夏秋季成条状矩圆形或条形。伞形。花序通常有花 2～3 朵，花粉紫色。荚果圆筒形。种子肾形。耐旱性强，适应性强，分布广泛，再生性及耐寒性均很强。5 月开花，5—7 月成熟。染色体 2n=14
饲用等级	良等
主要用途	营养价值较高，不宜刈割调制成干草，可做放牧利用。幼嫩时绵羊、山羊采食，结实后则乐意采食其荚果。全草入药，主治痈疽、各种化脓性炎症、腹泻等
最佳图片采集时期	5 月中旬
最佳种子收集时期	6 月下旬

图　像

图 1　生境

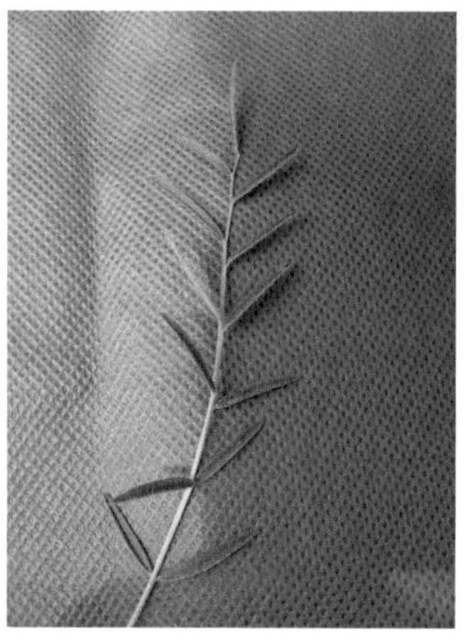

图 2　植株

图 3　根系

图 4　叶

图 5　荚果

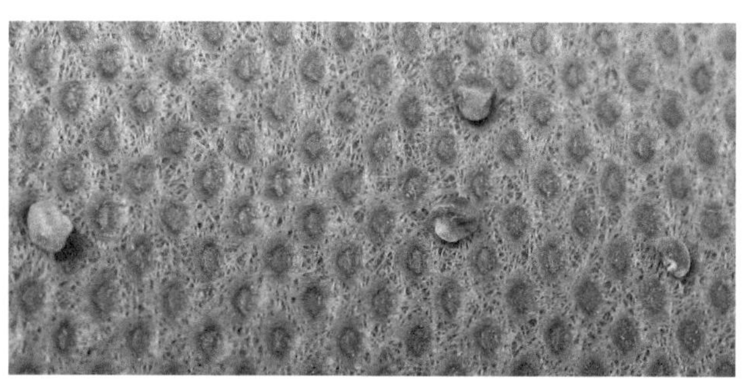

图 6　种子

山岩黄芪

主要信息描述

学名	*Hedysarum alpinum* L.
英文名	Alpine Sweetvetch
别名	无别名
蒙名	乌拉音－他日波勒吉
地理区系	泛北极分布种
生活型	多年生草本
水分生态类型	中生植物
生境	生于山坡、林间及灌丛中
特征特性	高40～100cm。根粗壮。茎直立。单数羽状复叶，小叶9～21，小叶卵状矩圆形、狭椭圆形或披针形。总状花序腋生，花多数15～30朵，花蓝紫色，翼瓣与旗瓣近等长。荚果一般有荚节2～3，荚节宽椭圆形或宽卵形，有网状肋纹、针刺和白色柔毛。喜生于湿润肥沃的土壤，耐寒性较强，不耐旱。7—8月开花，8—9月成熟。染色体2n=14
饲用等级	良等
主要用途	开花前绵羊、山羊和马均乐食，开花后粗蛋白质含量有所下降，为良好的放牧、刈草兼用型牧草。可作绿肥或观赏植物
最佳图片采集时期	7月中旬
最佳种子收集时期	8月中旬

图　像

图1　植株

图2　茎叶

图3　叶

图4　花序

图5　果枝

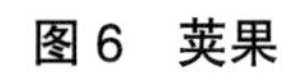

图6　荚果

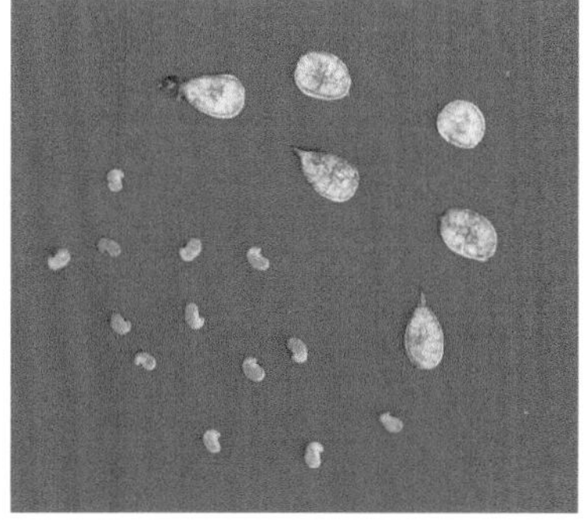

图7　荚节和种子

华北岩黄芪

主要信息描述

学名	*Hedysarum gmelinii* Ledeb.
英文名	Gmelin Sweetvetch
别名	刺岩黄芪、矮岩黄芪
蒙名	伊曼 – 他日波勒吉
地理区系	古北极分布种
生活型	多年生草本
水分生态类型	旱生植物
生境	生于林缘、石质山坡
特征特性	高 20～70cm。根粗壮，深长。茎直立或斜升。单数羽状复叶，小叶 9～23，小叶椭圆形、矩圆形或卵状矩圆形。总状花序腋生，花 15～40 朵，花红紫色，有时为淡黄色。荚果有荚节 3～6，荚节宽椭圆形或宽卵形，有网状肋纹、针刺和白色柔毛。耐旱、耐寒性强，喜砾石质土壤。6—8 月开花，7—9 月成熟
饲用等级	良等
主要用途	羊、马均乐食，牛在营养期喜食或乐食。可作为干旱草原的补播草种
最佳图片采集时期	7 月上旬
最佳种子收集时期	8 月中旬

图　像

图 1　生境

图 2　植株

图 3　花枝

图 4　花序

图 5　果枝

图 6　荚节

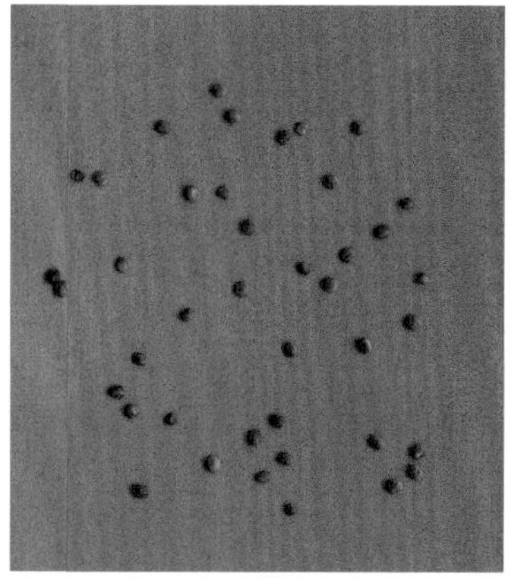

图 7　种子

主要信息描述

学名	*Lathyrus quinquenervus* (Miq.) Litv. ex Kom. et Alis.
英文名	Fivevein Vetchling
别名	五脉山黧豆、五脉香豌豆、山豌豆
蒙名	他布都－扎嘎日－豌豆
地理区系	蒙古北部－东亚分布种
生活型	多年生草本
水分生态类型	中生植物
生境	生于林缘、低湿处、河边草地等处
特征特性	高 20～40cm。具横走根茎。茎直立或稍斜升。双数羽状复叶，小叶矩圆状披针形或条状披针形，叶脉平行。总状花序腋生，花紫色或蓝紫色。荚果矩圆状条形，直或微弯，顶端渐尖。适应幅度广，不耐践踏，再生力强。6—7 月开花，8—9 月成熟。染色体 2n=14
饲用等级	良等
主要用途	鲜草牛羊最喜食，干草各种家畜均喜食。利用以调制成干草为主。可用作建立人工草场
最佳图片采集时期	6 月下旬
最佳种子收集时期	8 月中下旬

图　像

图 1　植株

图 2　茎和托叶

图 3　叶

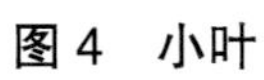

图 4　小叶

图 5　花序

矮山黧豆

主要信息描述

学名	*Lathyrus humilis Fisch*. ex DC.
英文名	Dwarf Vetchling
别名	矮香豌豆、香豌豆
蒙名	宝古尼 – 扎嘎日 – 豌豆
地理区系	华北 – 满洲 – 蒙古分布种
生活型	多年生草本
水分生态类型	中生植物
生境	生于林缘、林下、湿润坡地等处
特征特性	高 20 ~ 50cm。具横走根茎。茎直立。双数羽状复叶，小叶卵形或椭圆形，叶脉网状。总状花序腋生，花红紫色。荚果矩圆状条形。抗寒、耐阴、不耐干旱。6 月开花，7 月成熟。染色体 2n=14
饲用等级	良等
主要用途	青鲜时牛羊乐食，干枯后只有羊少量采食，调制成干草后各种家畜均喜食
最佳图片采集时期	6 月下旬
最佳种子收集时期	7 月下旬

图　像

图 1　植株

图 2　叶和卷须

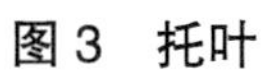
图 3　托叶

图 4　花

胡枝子

主要信息描述

学名	*Lespedeza bicolor* Turca.
英文名	Bicolor Bush Clover
别名	二色胡枝子、横条、横笆子、扫条
蒙名	矛仁 – 呼日布格 呼吉斯
地理区系	东西伯利亚 – 东亚分布种
生活型	直立灌木
水分生态类型	中生植物
生境	生于阴坡、半阴坡、灌木杂木林间
特征特性	高 1m 以上。茎直立，老枝灰褐色，嫩枝黄褐色或绿褐色。羽状三出复叶，条形。顶生小叶较大，宽椭圆形、倒卵状椭圆形、矩圆形或卵形，侧生小叶较小。总状花序腋生，花冠紫色。荚果卵形。种子褐色。耐阴、耐寒、耐干旱、耐瘠薄。适应性强，对土壤要求不严格。7—8 月开花，9—10 月成熟。染色体 2n=18，20，22
饲用等级	良等
主要用途	幼嫩时各种家畜采食，羊最喜食，可青饲，也可调制成干草。花可供观赏，枝条可编筐，嫩枝可代茶用，籽实可食用。可作绿肥和水土保持。全草可入药，主治感冒发烧、咳嗽等
最佳图片采集时期	7 月中旬
最佳种子收集时期	9 月中旬

图　像

图 1　植株

图 2　枝条

图 3　叶

图 4　花序

图 5　小花

图 6　果枝

图 7　荚果和种子

图 8　种子

达乌里胡枝子

主要信息描述

学名	*Lespedeza davurica* (Laxm.)
英文名	Dahurian Bushclover
别名	兴安胡枝子、牛筋子、牤牛茶、牛枝子
蒙名	呼日布格
地理区系	东亚成分
生活型	半灌木
水分生态类型	中旱生植物
生境	生于山坡、草地、丘陵坡地、灌丛中或路旁等处
特征特性	高 20 ~ 50cm。茎通常斜升，茎的基部分枝较少。羽状三出复叶，小叶披针状矩圆形，小叶卵状矩圆形。总状花序腋生，较叶短或与叶等长，花冠黄白色。荚果小，倒卵形或长倒卵形。较喜温暖，再生性弱，耐牧力不强，耐旱，耐瘠薄。7—8 月开花，8—10 月成熟。染色体 2n=36，44
饲用等级	优等
主要用途	幼嫩枝条家畜乐食，适合放牧或刈割调制成干草。可作为水土保持植物。全草入药，主治感冒发热、咳嗽
最佳图片采集时期	7 月中旬
最佳种子收集时期	9 月上旬

图　像

图 1　植株

图 2　枝条

图 3　茎

图 4　叶

图 5　花序

图 6　果枝

牛枝子

主要信息描述

学名	*Lespedeza davurica* (Laxm.) Schindl. var. potaninii (V.Vassil)
英文名	Potanin Bushclover
别名	牛筋子、牛胡枝子
蒙名	乌日格斯图 – 呼日布格
地理区系	华北 – 横断山脉分布种
生活型	半灌木
水分生态类型	旱生植物
生境	生于干山麓、干燥沙质地
特征特性	与正种区别在：茎基部分枝较多。小叶矩圆形或倒卵状矩圆形。总状花序比叶长。喜温暖，极耐旱，耐瘠薄，抗风沙，再生力强。染色体 2n=42
饲用等级	良等
主要用途	秋季各种家畜均喜食，可作放牧地，是进行补播或建立旱作人工草地的理想草种。可作为辅助蜜源植物、水土保持、固沙及绿肥植物
最佳图片采集时期	8 月上旬
最佳种子收集时期	9 月中旬

图　像

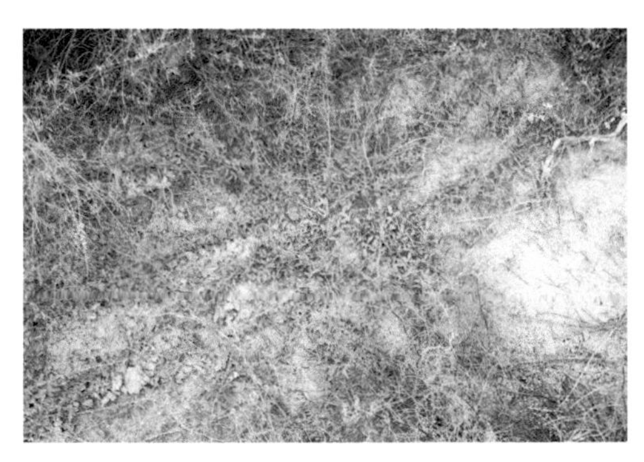

图 1　生境

图 2　植株

图 3　茎枝

图 4　叶

图 5　荚果

多花胡枝子

主要信息描述

学名	*Lespedeza floribunda* Bunge.
英文名	Many-flower Bushclover
别名	
蒙名	莎格拉嘎日－呼日布格
地理区系	东亚分布种
生活型	半灌木
水分生态类型	旱中生植物
生境	生于干燥山坡
特征特性	高30～50cm。茎常斜升，较细。枝灰褐色或暗褐色，有细棱并密被白色柔毛。羽状三出复叶，小叶倒卵形或倒卵状矩圆形。总状花序腋生，花冠紫红色。荚果卵形。适应性广，耐干旱、瘠薄，喜温暖。6—9月开花，9—10月成熟。染色体2n=22
饲用等级	良等
主要用途	适口性好，羊最喜食，对于育肥家畜有较显著的增重效果。可作为绿肥和水土保持植物
最佳图片采集时期	7月中旬
最佳种子收集时期	9月中旬

图　像

图 1　植株

图 2　叶

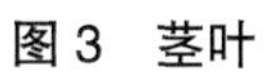

图 3　茎叶

图 4　花序

尖叶胡枝子

主要信息描述

学名	*Lespedeza hedysaroides* (Pall.) Kitng.
英文名	Rush Bushclove
别名	尖叶铁扫帚、铁扫帚、黄蒿子、细叶胡枝子
蒙名	好尼音 – 呼日布格
地理区系	东古北极分布种
生活型	草本状半灌木
水分生态类型	中旱生植物
生境	生于山坡、丘陵坡地或沙质地上
特征特性	高 30 ~ 50cm。茎直立。羽状三出复叶，托叶刺芒状，小叶条状矩圆形或矩圆状披针形，先端尖或钝。总状花序腋生，花冠白色，小苞片与萼筒等长。荚果宽椭圆形或倒卵形。适应性广，耐旱性强，耐贫瘠。8—9 月开花，9—10 月成熟。染色体 2n=20
饲用等级	良等
主要用途	幼嫩时马、牛、羊均乐食，开花后家畜采食较少，刈割可调制成干草，可作为水土保持植物
最佳图片采集时期	8 月上旬
最佳种子收集时期	9 月中旬

图　像

图 1　植株

图 2　枝条

图 3　叶

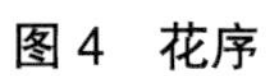

图 4　花序

图 5　果枝

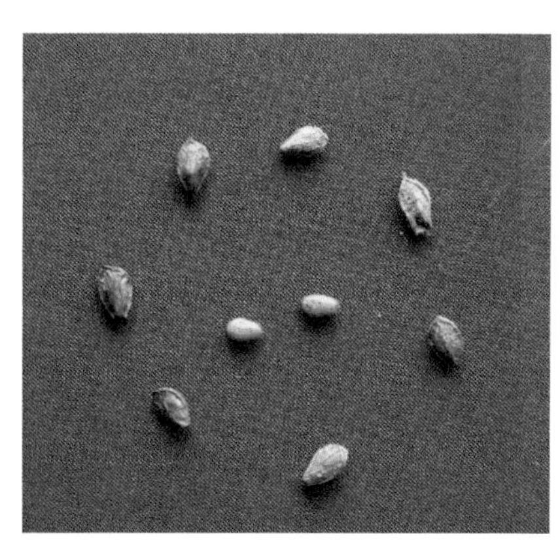

图 6　荚果和种子

天蓝苜蓿

主要信息描述

学名	*Medicago lupulina* L.
英文名	Black Medic
别名	黑荚苜蓿
蒙名	呼和－查日嘎苏
地理区系	古北极分布种
生活型	一年生或二年生草本
水分生态类型	中生植物
生境	生于低湿地、沙质草地、田边、路旁等处
特征特性	高 10～30cm。茎斜倚或斜升，细弱。羽状三出复叶，小叶宽倒卵形，倒卵形至菱形。头状花序，有 8～15 朵花，花黄色。荚果肾形，黑色，含种子 1 颗。种子小，黄褐色。再生性比较强，适应性强，具有较强的抗寒性。7—8 月开花，8—9 月成熟。染色体 2n=16
饲用等级	优等
主要用途	营养价值高，适口性好，各种家畜均喜食。可作为水土保持植物及绿肥植物。全草可入药，主治坐骨神经痛、风湿筋骨痛、黄疸型肝炎、白血病
最佳图片采集时期	7 月中旬
最佳种子收集时期	8 月中旬

图　像

图1　生境

图2　植株

图3　根系

图4　叶

图5　花序

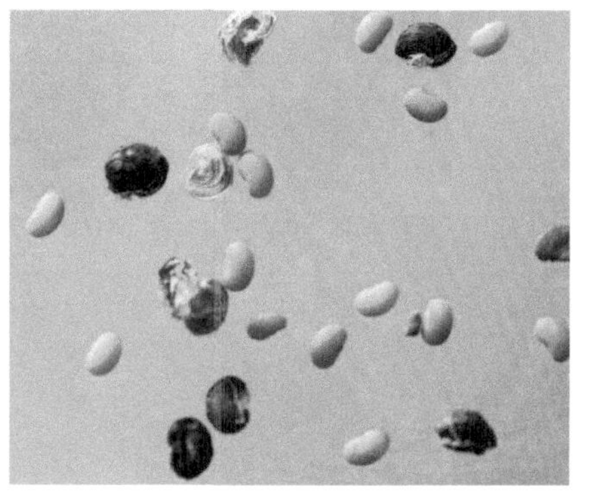
图6　荚果和种子

扁蓿豆

主要信息描述

学名	*Melilotoides ruthenica* (L.) Sojak.
英文名	Russian Fenugreek
别名	花苜蓿、野苜蓿
蒙名	其日格－额布苏
地理区系	东古北极分布种
生活型	多年生草本
水分生态类型	中旱生植物
生境	生于丘陵坡地、沙质地、河滩地，田间和路旁等处
特征特性	高 20～60cm。茎直立、斜升或近平卧。羽状三出复叶，小叶矩圆状倒披针形、短圆状楔形或条状楔形，边缘常在中上部有锯齿，有时中下部亦具锯齿，叶脉明显。总状花序。荚果扁平，矩圆形。种子矩圆状椭圆形，淡黄色。抗寒，耐旱性强，对土壤要求不严，较耐瘠薄。7—8 月开花，8—9 月成熟。染色体 2n=16
饲用等级	优等
主要用途	营养价值高，适口性好，各种家畜均喜食，乳畜食后，乳的质量可提高。它是建立人工草地和草地补播的优良草种。也可作为水土保持植物
最佳图片采集时期	7 月中旬
最佳种子收集时期	8 月下旬

图　像

图 1　植株

图 2　枝条

图 3　叶

图 4　花序

图 5　荚果

图 6　种子

阴山扁蓿豆

主要信息描述

学名	*Melilotoides ruthenica* (L.) Sojak. var. inschanica H. C. Fu et Y. Q. Jiang comb. nov.
英文名	Yin Shan Russian Fenugreek
别名	无别名
蒙名	毛尼音－其日格
地理区系	东古北极分布种
生活型	多年生草本
水分生态类型	中生植物
生境	生于林下、林间草地、路旁、山坡草地等处
特征特性	与正种的区别在于，小叶较宽，倒卵形、倒心形、菱形、卵形、宽椭圆形至近圆形，边缘具稀疏钝齿，齿达边缘中部，叶脉虽明显，但不突出
饲用等级	优等
主要用途	同正种
最佳图片采集时期	同正种
最佳种子收集时期	同正种

图　像

图1　植株

图2　枝条

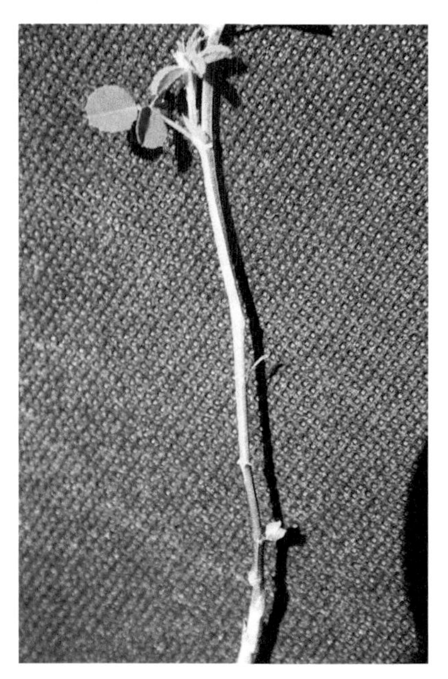

图3　茎

图4　叶

白花草木樨

主要信息描述

学名	*Melilotus albus* Desr.
英文名	White Sweetclover
别名	白香草木樨
蒙名	查干－呼庆黑
地理区系	古北极分布逸生种
生活型	一年生或二年生草本
水分生态类型	中生植物
生境	生于路边、沟旁、盐碱地及草甸等处
特征特性	高 1m 以上。茎直立，圆柱形，全株有香味。羽状三出复叶，小叶卵圆形，矩圆形、卵状矩圆形或倒卵状矩圆形。总状花序腋生，花冠白色。荚果小，椭圆形或近矩圆形，含种子 1～2 颗。种子肾形，褐黄色。对土壤适应能力强，耐瘠薄、耐寒，较耐盐碱和干旱。5—7 月开花，7—9 月成熟。染色体 2n=16
饲用等级	优等
主要用途	幼嫩时各种家畜喜食，开花后有“香豆素”气味，家畜不愿采食。可作为水土保持植物及绿肥植物。又可作蜜源植物。种子可酿醋、酿造白酒、榨油，茎可剥麻、作燃料。全草可入药，主治暑湿胸闷、口臭、头胀、疟疾、痢疾等
最佳图片采集时期	6 月中旬
最佳种子收集时期	8 月上旬

图　像

图 1　生境

图 2　植株

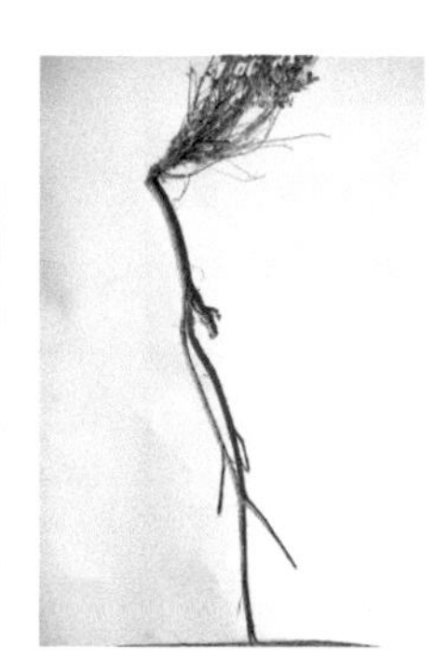

图 3　根系

图 4　枝条

图 5　叶和小叶

图 6　花序

图 7　果序

图 8　种子

草木樨

主要信息描述

学名	*Melilotus officinalis* (L.) Desr.
英文名	Yellow Sweetclover
别名	黄花草木樨、黄香草木樨、马层子、臭苜蓿、香马料
蒙名	呼庆黑
地理区系	东古北极分布逸生种
生活型	一年生或二年生草本
水分生态类型	旱中生植物
生境	生于河滩、沟谷等低湿地
特征特性	高 60～90cm，有时 1m 以上。茎直立，粗壮。羽状三出复叶，小叶倒卵形，矩圆形或倒披针形。总状花序腋生，花冠黄色。荚果小，近球形或卵形，含种子 1 颗。种子近圆形或椭圆形，稍扁。对土壤要求不严，适应性强，抗盐能力较强，抗逆性高于白花草木樨。6—8 月开花，7—10 月成熟。染色体 2n=16
饲用等级	优等
主要用途	可作饲料营养价值高，适口性好，幼嫩时各种家畜均喜食。可作为水土保持植物及绿肥植物。又可作蜜源植物。全草可入药
最佳图片采集时期	7 月上旬
最佳种子收集时期	8 月中旬至 9 月中旬

图　像

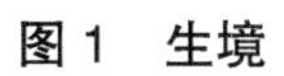
图1　生境

图2　植株

图3　叶

图4　花枝

图5　花序

图6　种子

多叶棘豆

主要信息描述

学名	*Oxytropis myriophylla* (Pall.) DC.
英文名	Denseleaf Crazyweed
别名	狐尾藻棘豆、鸡翎草
蒙名	达兰－奥日图哲
地理区系	黄土－蒙古高原东部分布种
生活型	多年生草本
水分生态类型	中旱生植物
生境	生于草原、山坡或沙质地等处
特征特性	高 20～30cm。主根粗壮。无地上茎或茎极短缩。叶为具轮生小叶的复叶，小叶片条状披针形。总状花序，具花 10 余朵，花淡红紫花。荚果披针状矩圆形。对土壤要求不严，耐旱、耐瘠薄，喜生于砾石性较强或砂质性土壤。6—7 月开花，7—9 月成熟。染色体 2n=16
饲用等级	低等
主要用途	青鲜状态各种家畜均不采食，夏季或枯后绵羊、山羊采食少许。全草入药，主治流感、咽喉肿痛、创伤、瘀血肿胀，各种出血。地上部分入蒙药，主治瘟疫、发症、腮腺炎、麻疹等。可作为优良牧草遗传工程育种的基因资源
最佳图片采集时期	6 月中旬
最佳种子收集时期	8 月中旬

图　像

图 1　植株

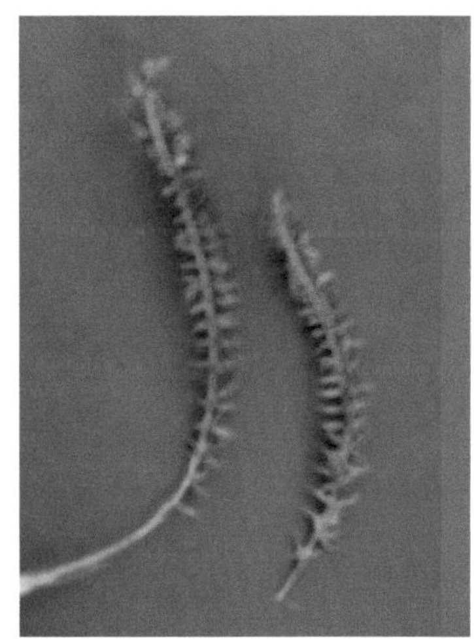

图 2　叶

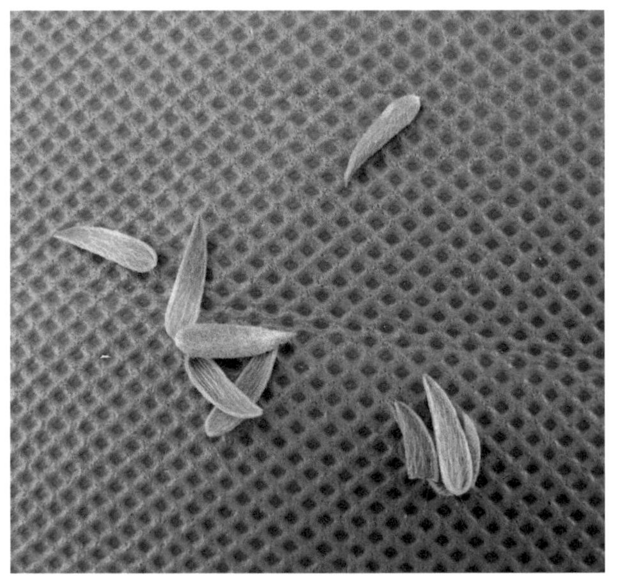

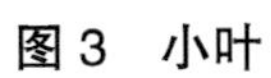

图 3　小叶

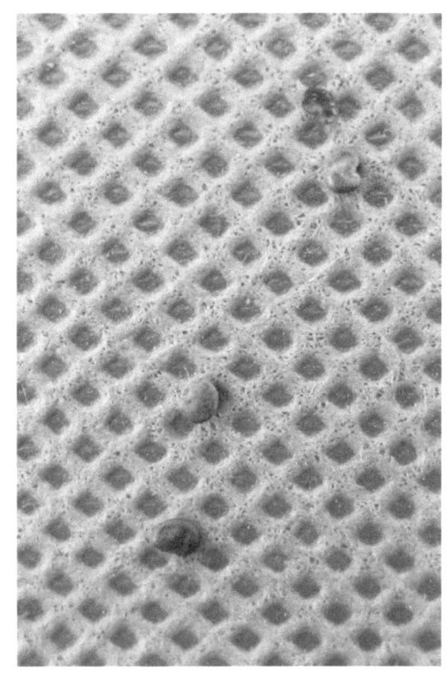

图 4　种子

砂珍棘豆

主要信息描述

学名	*Oxytropis racemosa* Turcz.
英文名	Sandliving Crazyweed
别名	泡泡草、砂棘豆、猫蹄秧、东北棘豆、鸡嘴豆、毛抓抓
蒙名	额勒苏音 – 奥日图哲、炮静 – 额布斯
地理区系	黄土 – 蒙古分布种
生活型	多年生草本
水分生态类型	旱生植物
生境	生于沙质地及山坡阳处等地
特征特性	高 5 ~ 15 (30) cm。茎缩短，多头。轮生羽状复叶，每叶有 6 ~ 12 轮小叶，小叶 4 ~ 6 枚轮生。总状花序，花红紫色或蓝紫色。荚果卵形，膜质。耐旱、喜沙质土壤、喜温暖。5—7 月开花，6—9 月成熟。染色体 2n=16
饲用等级	劣等
主要用途	山羊、绵羊采食少许。全草入药，能消食健脾，主治小儿消化不良
最佳图片采集时期	6 月下旬
最佳种子收集时期	8 月中旬

图　像

图 1　生境

图 2　植株

图 3　根系

图 4　叶

图 5　花序

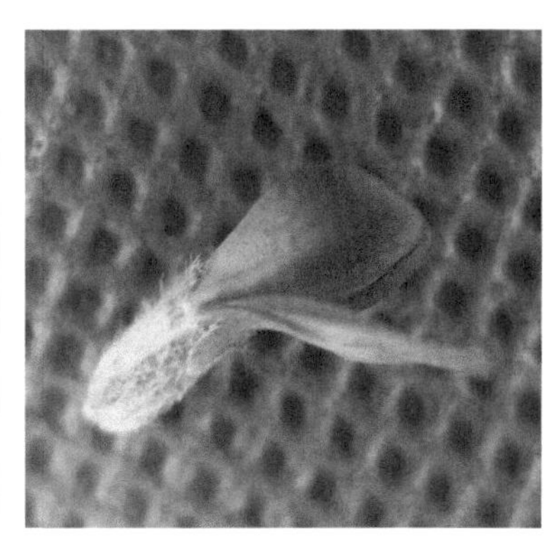

图 6　小花

苦豆子

主要信息描述

学名	*Sophora alopecuroides* L.
英文名	Foxtail-like Sophora
别名	苦甘草、苦豆根、草本槐、苦豆根
蒙名	胡兰－宝雅
地理区系	古地中海分布种
生活型	多年生草本
水分生态类型	耐盐旱生植物
生境	生于微盐化的沙地、草甸等地
特征特性	高 30～60cm。根粗壮。茎直立，枝条密生灰色平伏绢毛。单数羽状复叶，小叶矩圆状披针形、矩圆形或卵形。总状花序顶生，花冠黄色。荚果串珠状，具种子 3 至多颗。种子宽卵形。有一定程度的耐盐碱和耐旱能力。5—6 月开花，6—8 月成熟。染色体 2n=36
饲用等级	中等
主要用途	有毒植物，青鲜时家畜不食，干枯后羊及骆驼少食。可作为固沙植物、蜜源植物和绿肥植物。根可入药，主治痢疾、湿疹等
最佳图片采集时期	6 月上旬
最佳种子收集时期	7 月中旬

图 像

图1　生境

图2　植株

图3　叶

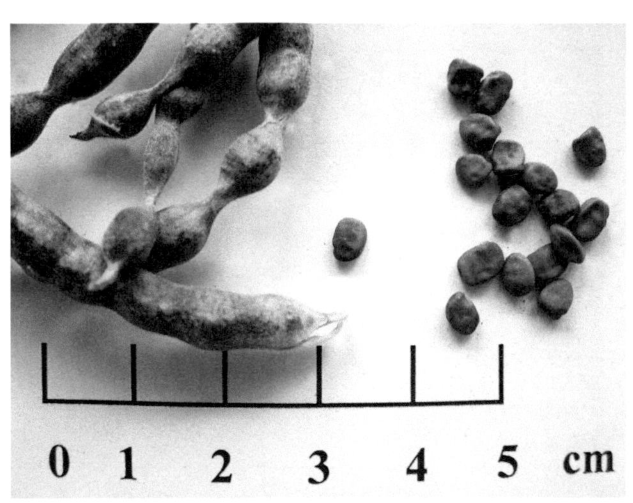

图4　荚果和种子

苦　参

主要信息描述

学名	*Sophora flavescens* Ait.
英文名	Lightyellow Sophora
别名	苦参麻、山槐、地槐、野槐、白茎地骨
蒙名	道古勒－额布斯
地理区系	东北古极分布种
生活型	多年生草本
水分生态类型	中旱生植物
生境	生于山前平原沙质地、河岸石砾地及山坡等处
特征特性	高 1～3m。茎直立，多分枝。单数羽状复叶，长 20～25cm，具小叶 11～19，小叶卵状矩圆形、披针形或狭卵形，稀椭圆形。总状花序，花冠淡黄色。荚果条形。种子近球形，棕褐色。对土壤要求不严，一般砂壤和黏壤上均可生长。6—7 月开花，8—10 月成熟。染色体 2n=18
饲用等级	低等
主要用途	牛羊采食其嫩枝叶。根可入药，主治痢疾、湿疹、咳嗽等。种子可作农药。茎皮纤维可织麻袋
最佳图片采集时期	7 月上旬
最佳种子收集时期	9 月上旬

图　像

图1　植株

图2　叶

图3　小叶

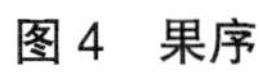

图4　果序

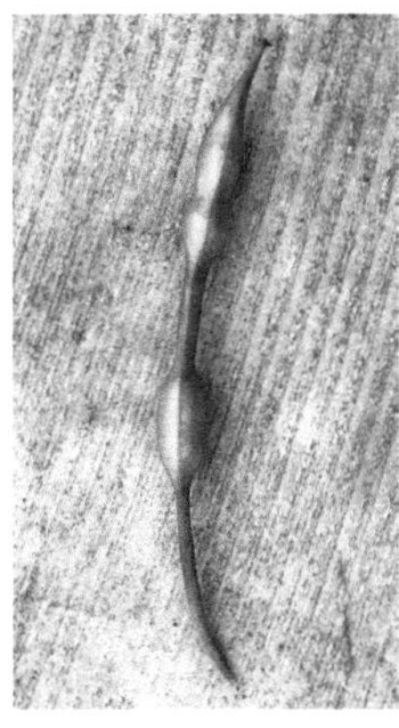

图5　荚果

图6　种子

苦马豆

主要信息描述

学名	*Sphaerophysa salsula* (Pall.) DC.
英文名	Salt Globepea
别名	养卵蛋、羊尿泡、红花苦豆子
蒙名	洪呼图 – 额布斯
地理区系	亚洲中部分布种
生活型	多年生草本
水分生态类型	旱生植物
生境	生于沙质地、沟旁及干河床等处
特征特性	高 20～60cm。茎直立，全株被灰白色短伏毛。单数羽状复叶，小叶 13～21，小叶倒卵状椭圆形或椭圆形。总状花序腋生，花冠红色。荚果宽卵形或矩圆形。种子肾形，褐色。有发达的根蘖，无性繁殖能力很强，耐盐碱。6—7 月开花，7—8 月成熟。染色体 2n=16
饲用等级	低等
主要用途	青鲜家畜不愿意采食，干枯后采食一些。调制成干草后适口性提高，家畜喜食。全草、果入药，主治肾炎、肝硬化腹水、慢性肝炎浮肿、产后出血
最佳图片采集时期	6 月中旬
最佳种子收集时期	7 月中旬

图　像

图 1　生境

图 2　植株

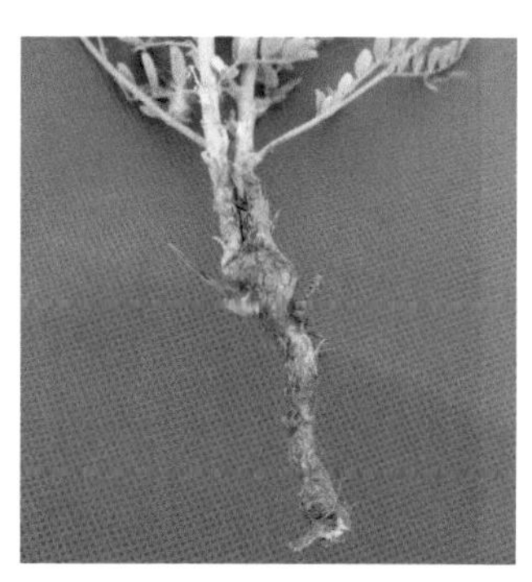

图 3　根系

图 4　叶

图 5　花序

图 6　小花

图 7　荚果

图 8　种子

披针叶黄华

主要信息描述

学名	*Thermopsis lanceolata* R. Br.
英文名	Lanceleaf Thermopsis
别名	披针叶野决明、苦豆子、面人眼睛、绞蛆爬、牧马豆
蒙名	他日巴干－希日
地理区系	亚洲中部分布种
生活型	多年生草本
水分生态类型	中旱生植物
生境	生于河边、山沟湿草地及山前平原沙地
特征特性	高 10～30cm。茎直立，有分枝，被平伏或稍开展的白色柔毛。掌状三出复叶，具 3 小叶，小叶矩圆状椭圆形或倒披针形。总状花序，花冠黄色。荚果条形，扁平。耐盐碱，在碱化和盐渍化土壤也能生长，抗寒性强。5—7 月开花，7—10 月成熟。染色体 2n=18
饲用等级	中等
主要用途	羊、牛于晚秋冬春喜食。全草入药，主治痰喘咳嗽。牧民称其花与叶可杀蛆
最佳图片采集时期	6 月中旬
最佳种子收集时期	8 月下旬

图 像

图 1 生境

图 2 植株

图 3 叶

图 4 小花

图 5 荚果

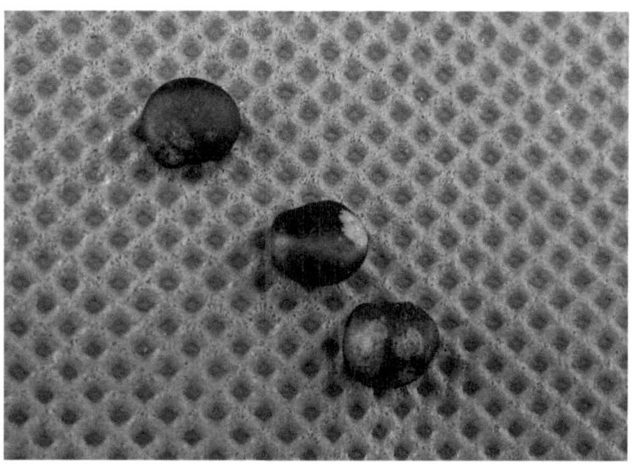

图 6 种子

野火球

主要信息描述

学名	*Trifolium lupinaster* L.
英文名	Wild Clover
别名	野车轴草、红五叶
蒙名	禾日音－好希扬古日
地理区系	古北极分布种
生活型	多年生草本
水分生态类型	中生植物
生境	生于林缘草甸或灌丛
特征特性	高 15～30cm，数茎丛生。茎直立或斜升，多分枝。掌状复叶，具小叶 5，小叶长椭圆形或倒披针形。头状花序，顶生或腋生，花冠红紫色或淡红色。荚果条状矩圆形，含种子 1～3 颗。种子近圆。喜湿润、肥沃的土壤，耐寒力极强。7—8 月开花，8—9 月成熟。染色体 2n=32
饲用等级	良等
主要用途	青嫩时各种家畜喜食，开花后质地粗糙，适口性降低，刈割调制成干草各种家畜均喜食。可作观赏植物和蜜源植物。全草入药，能镇静、止咳、止血
最佳图片采集时期	7 月中旬
最佳种子收集时期	8 月中旬

图　像

图 1　植株

图 2　叶

图 3　花枝

图 4　花序

图 5　小花

图 6　果枝

图 7　果序

图 8　种子

歪头菜

主要信息描述

学名	*Vicia unijuga* A. Br.
英文名	Pair Vetch
别名	草豆，对叶草藤
蒙名	好日黑纳格－额布斯
地理区系	东北古极分布种
生活型	多年生草本
水分生态类型	中生植物
生境	生于林缘、河岸、山坡等处
特征特性	高 40～100cm。根茎粗壮，近木质。茎直立，有棱，无毛或疏生柔毛。双数羽状复叶，小叶卵形或椭圆形。总状花序腋生或顶生，花冠蓝紫色或淡紫色。荚果扁平，含 1～5 颗。耐牧性强，耐践踏，再生力强。6—7 月开花，8—9 月成熟。染色体 2n=12，24
饲用等级	优等
主要用途	营养价值较高，耐牧性强，可作改良天然草地和混播之用。可作为水土保持植物。全草入药，主治头晕、浮肿等
最佳图片采集时期	6 月下旬
最佳种子收集时期	8 月中旬

图　像

图 1　生境

图 2　植株

图 3　根系

图 4　叶

图 5　花序

图 6　小花

图 7　荚果

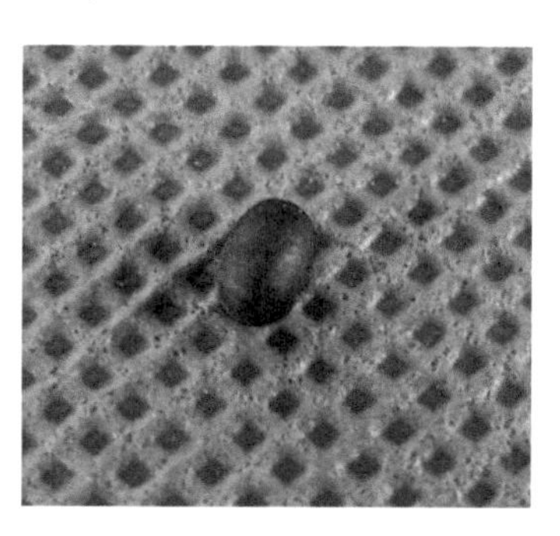

图 8　种子

山野豌豆

主要信息描述

学名	*Vicia amoena* Fisch. ex DC.
英文名	Broadleaf Vetch
别名	山黑豆、落豆秧、透骨草、落豆秧、豆豆苗、宿根苕子
蒙名	乌拉音－给希
地理区系	东古北极分布种
生活型	多年生草本
水分生态类型	旱中生植物
生境	生于山坡、草地、灌丛等处
特征特性	高40～80cm。主根粗壮。茎攀援或直立，具四棱。双数羽状复叶，小叶椭圆形或矩圆形。总状花序，腋生，花红紫色或蓝紫色。荚果矩圆状菱形，含2～4颗种子。耐寒、耐旱性强，适应性、再生力强。6—7月开花，7—8月成熟。染色体2n=12，24
饲用等级	优等
主要用途	茎叶柔嫩各种牲畜均乐食，可青饲、放牧或调制干草。可用作改良天然草场和建立人工草地。可作防风、固沙、水土保持及绿肥，亦可作绿篱、园林绿化和蜜源植物。全草可入药，主治水肿
最佳图片采集时期	6月下旬
最佳种子收集时期	7月中旬

图　像

图 1　生境

图 2　植株

图 3　叶

图 4　花序

图 5　荚果

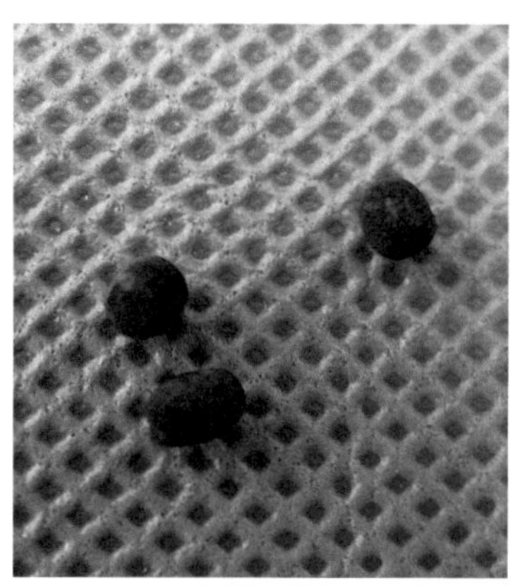
图 6　种子

大叶野豌豆

主要信息描述

学名	*Vicia pseudorobus* Fisch. et C. A. Mey.
英文名	False Robust Vetch
别名	假香野豌豆、大叶草藤、槐花条
蒙名	乌日根 – 纳布奇特 – 给哈
地理区系	东蒙古 – 东亚分布种
生活型	多年生草本
水分生态类型	中生植物
生境	生于林缘草甸、山坡灌丛等地
特征特性	高 50～150cm。根茎粗壮。茎直立或攀援，被柔毛或近无毛。双数羽状复叶，具 6～10 小叶，小叶卵形、椭圆形或披针状卵形。总状花序，腋生，花紫色或蓝紫色。荚果扁平或稍扁，矩圆形，含 2～3 颗种子。耐严寒。7—9 月开花，8—9 月成熟。染色体 2n=12，24
饲用等级	优等
主要用途	茎柔软，叶量丰富，适口性好，各种家畜均喜食。全株可入药
最佳图片采集时期	7 月下旬
最佳种子收集时期	8 月中旬

图　像

图 1　生境

图 2　植株

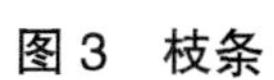

图 3　枝条

图 4　茎叶

图 5　托叶

图 6　荚果

图 7　种子

其他科主要野生饲用植物资源

三、其他科主要野生饲用植物资源

反枝苋（苋科）

主要信息描述

学名	*Amaranthus retroflexus* L.
英文名	Shortbract Redroot Amaranth
别名	苋菜、西风古、野苋菜、野千穗谷
蒙名	阿日白－诺高
地理区系	世界分布种
生活型	一年生草本
水分生态类型	中生植物
生境	生于路旁、田间、荒地、宅旁等处
特征特性	高 20～60cm。茎直立，粗壮，淡绿色。叶片菱状卵形或椭圆状卵形。圆锥花序。胞果扁球形，淡绿色。种子近球形，黑色或黑褐色。适应性强，再生性快。7—8 月开花，8—9 月成熟。染色体 2n=34
饲用等级	良等
主要用途	嫩茎叶猪、鸡、羊、牛、兔喜食，可青饲、也可刈割调制成干草，还可作为人工草地的栽培草种。植株可作绿肥。全草可入药，主治痈肿疮毒、便秘等
最佳图片采集时期	7 月中旬
最佳种子收集时期	8 月中旬

图　像

图 1　生境

图 2　植株

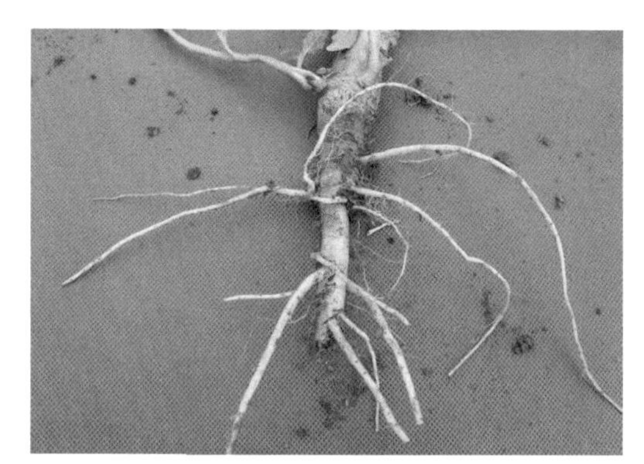

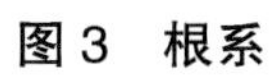

图 3　根系

图 4　枝条

图 5　叶片

图 6　花序

鹅绒藤

主要信息描述

学名	*Cynanchum chinanse* R. Br.
英文名	China Mosquitotrap
别名	祖子花
蒙名	哲乐特 – 特木根 – 呼呼
地理区系	东亚分布种
生活型	多年生草本
水分生态类型	中生植物
生境	生于山坡、向阳灌木丛中、路旁、河畔、田埂边
特征特性	根圆柱状，长约 20cm。茎缠绕，多分枝。叶对生，薄纸质，宽三角状心形。伞形聚伞花序腋生，花冠白色。蓇葖通常仅有 1 个发育，圆柱形。种子长圆形，压扁。适应性强，对土壤要求不严。6—7 月开花，8—9 月成熟
饲用等级	低等
主要用途	牛、马、羊少食。根及茎可入药，根具有清热解毒，消积健胃，主治小儿食积，胃炎，十二指肠溃疡等；茎乳汁外敷，治性疣赘
最佳图片采集时期	6 月下旬
最佳种子收集时期	8 月下旬

图　像

图 1　生境

图 2　植株

图 3　根系

图 4　叶片

图 5　花序

图 6　小花

角蒿

主要信息描述

学名	*Incarvillea sinensis* Lam.
英文名	China Hornsage
别名	透骨草
蒙名	乌兰－套鲁木
地理区系	东亚(满洲－华北－横断山脉)分布种
生活型	一年生草本
水分生态类型	中生植物
生境	生于山地、沙地、河滩、田野、撂荒地、路边等
特征特性	高30～80cm。茎直立。叶互生于分枝，对生于基部。总状花序，花红色或紫红色。蒴果长角状弯曲，先端细尖，种子含多数。种子褐色，具翅，白色膜质。喜湿润，耐寒，怕涝，抗病力强，对土壤要求不严。6—8月开花，7—9月成熟。染色体2n=22
饲用等级	低等
主要用途	饲用价值低。地上部分可入药，能祛风湿、活血、止痛，主治风湿性关节痛、筋骨拘挛、瘫痪等
最佳图片采集时期	7月中旬
最佳种子收集时期	8月下旬

图　像

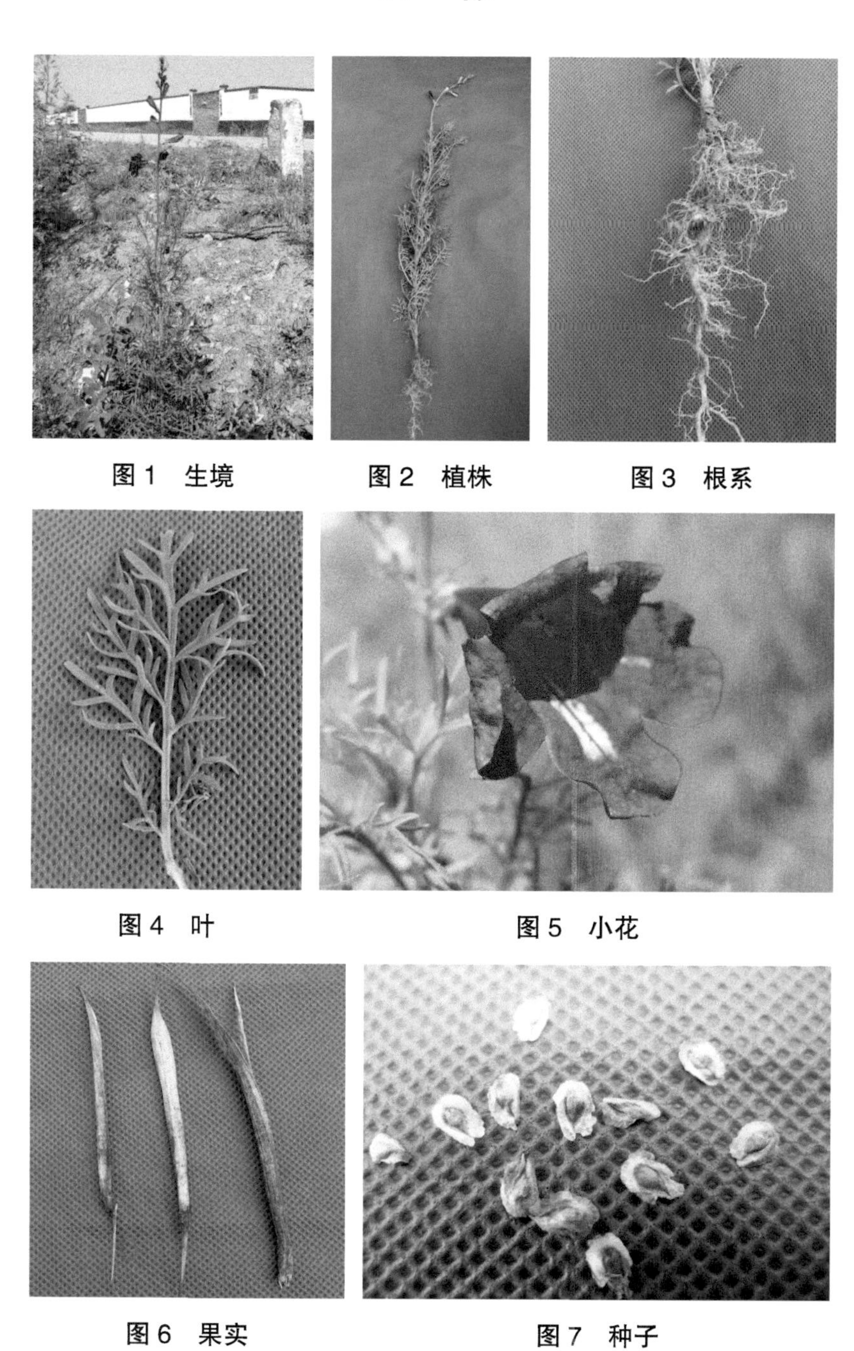

图 1　生境　　图 2　植株　　图 3　根系

图 4　叶　　图 5　小花

图 6　果实　　图 7　种子

华北驼绒藜

主要信息描述

学名	*Ceretoides arborescens* (Losinsk.) Tsien. et C. G. Ma
英文名	Eurotia arborescens
别名	驼绒蒿、优若藜
蒙名	冒日音－特斯格
地理区系	华北－兴安南部分布种
生活型	半灌木
水分生态类型	旱生植物
生境	生于碎石阳坡或丘陵坡地
特征特性	高 1～2m。枝条丛生，全体被星状毛。叶互生，叶片披针形或矩圆状披针形。花单性，雌雄同株，雄花序细长而柔软，雌花管倒卵形。胞果椭圆形或倒卵形，被毛。生态幅度较广，抗旱、耐寒、耐瘠薄，适应性较强。7—8 月开花，9—10 月成熟。染色体 2n=18
饲用等级	优等
主要用途	骆驼、山羊、绵羊、马四季均喜食当年枝条，既是良好的放牧饲草，又是干旱地区建立半人工草地的良好半灌木
最佳图片采集时期	7 月下旬
最佳种子收集时期	9 月下旬

图　像

图 1　生境

图 2　植株

图 3　叶片

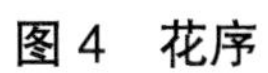

图 4　花序

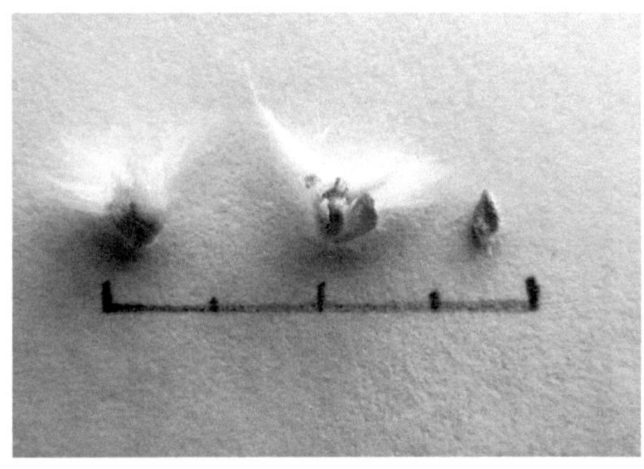

图 5　果实和种子

藜（藜科）

主要信息描述

学名	*Chenopodium album* L.
英文名	Lambsquarters
别名	灰菜、白藜、灰条菜
蒙名	诺衣乐
地理区系	世界分布种
生活型	一年生草本
水分生态类型	中生植物
生境	生于路旁、田间、荒地、宅旁等处
特征特性	高 5～30cm。茎直立，粗壮，枝斜升或开展。叶片菱状卵形至披针形。圆锥花序，花黄绿色。胞果全包于花被内或顶端稍露，与种子紧贴。种子横生，双凸镜形。适应性和抗逆性非常强，耐瘠薄，耐盐碱，对土壤要求不严。喜光，也耐阴。7—8 月开花，8—9 月成熟。染色体 2n=18，36，54
饲用等级	良等
主要用途	羊、猪、兔喜食，可青饲、也可刈割调制成干草。嫩茎叶可作青菜及干菜食用。种子可榨油，作为工业用油。全草及果实入药，主治痢疾腹泻
最佳图片采集时期	7 月中旬
最佳种子收集时期	8 月中旬

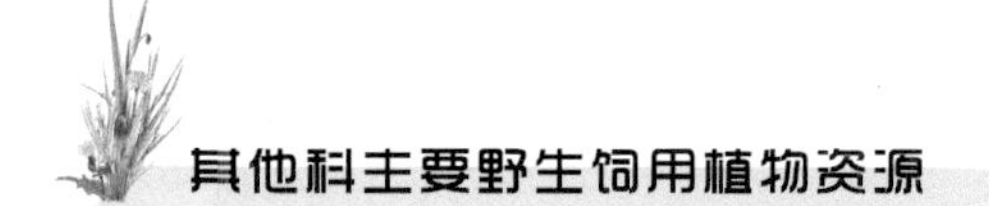

图 像

图1　生境

图2　植株

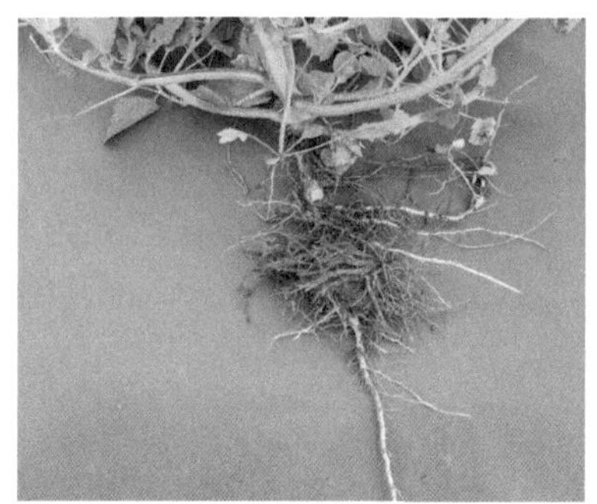

图3　根系

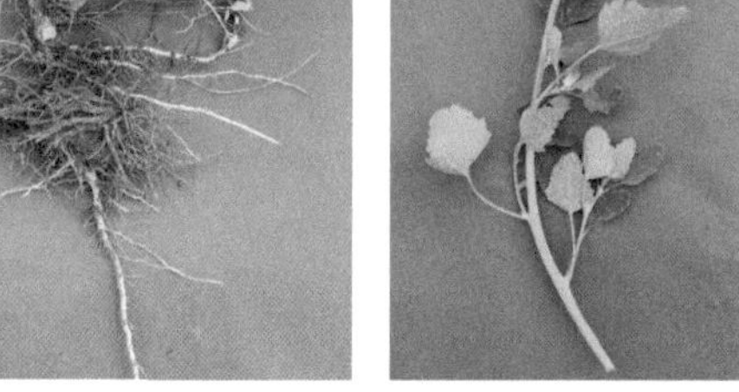

图4　枝条

图5　叶片

地 肤

主要信息描述

学名	*Kochia scoparia* (L.) Schrad.
英文名	Summer cypress
别名	扫帚菜
蒙名	疏日 – 诺高
地理区系	世界分布种
生活型	一年生草本
水分生态类型	中生植物
生境	生于荒地、路边或庭院中
特征特性	高 50 ~ 100cm。茎直立，分枝斜上，呈扫帚状，枝具条纹。叶互生，披针形或条状披针形。花两性或雄性，穗状花序。胞果扁球形。繁殖能力很强。抗寒、耐旱、耐盐碱、抗风沙，对气候、土壤、水分等生态因子有广泛适应性。6—8 月开花，9—10 月成熟。染色体 2n=18
饲用等级	良等
主要用途	适口性好、营养价值高，家畜和家禽均喜食。可青饲、也可刈割调制成干草或加工成草粉。是建立人工草地的较好草种。嫩茎叶可作野菜食用。果实含油高，可食用或工业用。全草和果实 (地肤子) 可入药，主治尿痛、尿急等
最佳图片采集时期	7 月中旬
最佳种子收集时期	9 月中旬

图　像

图 1　生境

图 2　植株

图 3　根系

图 4　枝条

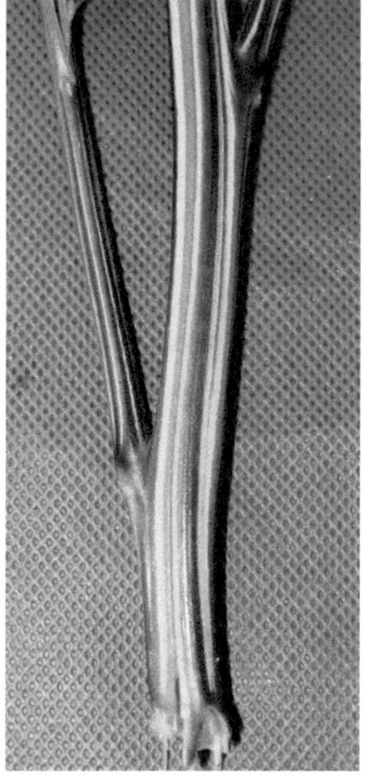

图 5　茎

图 6　叶片

猪毛菜（藜科）

主要信息描述

学名	*Salsola collina* Pall.
英文名	Common Russianthistle
别名	山叉明棵、扎蓬棵、沙蓬
蒙名	哈木呼乐
地理区系	泛北极分布种
生活型	一年生草本
水分生态类型	旱中生植物
生境	生于沙地或石质坡地、干河床、路边、田间等处
特征特性	高 30～60cm。茎近直立。叶条状圆柱形，肉质，先端具小刺尖。穗状花序，生于茎及枝上端，小苞片 2，狭披针形，花被片 5，透明膜质。胞果倒卵形，果皮膜质。种子倒卵形。适应性、再生性强，耐旱、耐盐碱。7—8 月开花，8—10 月成熟。染色体 2n=18
饲用等级	中等
主要用途	幼嫩时羊、骆驼采食。割取全草，切碎可喂猪、禽，也可发酵饲用。全草可入药，治疗高血压
最佳图片采集时期	7 月下旬
最佳种子收集时期	9 月中旬

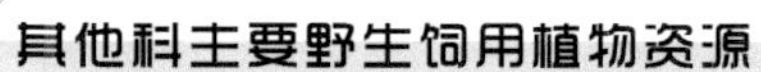

图 像

图 1　生境

图 2　植株

图 3　根系

图 4　枝条

图 5　叶片

角果碱蓬

主要信息描述

学名	*Suaeda corniculata* (C. A. Mey.)Bunge
英文名	Corniculate seepweed
别名	角碱蓬
蒙名	额伯日特 – 和日斯
地理区系	古地中海分布种
生活型	一年生草本
水分生态类型	盐生湿生植物
生境	生于盐碱或盐湿土壤上
特征特性	高 10 ~ 30cm。茎斜升或直立。叶肉质，条形或半圆柱状。花两性或雌性，簇生于叶腋，呈团伞状；花被片 5，稍肉质。胞果圆形，稍扁。种子横生或斜生，黑色或黄褐色。适应性广，耐盐性强，喜生于沙质盐滞化草甸土或草甸盐土。8—9 月开花，9—10 月成熟
饲用等级	低等
主要用途	秋季降霜后，适口性提高，骆驼和羊乐食，马、牛也吃，有利于保膘。种子含油，可制肥皂、油漆、油墨和涂料。植株可作化工原料
最佳图片采集时期	8 月中旬
最佳种子收集时期	9 月下旬

图　像

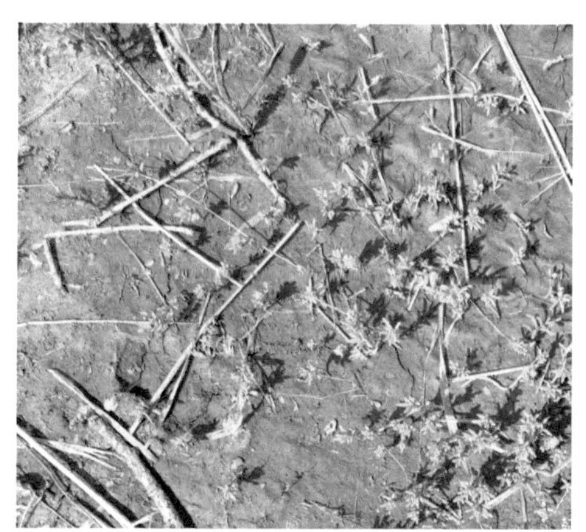

图 1　生境

图 2　植株

图 3　根系

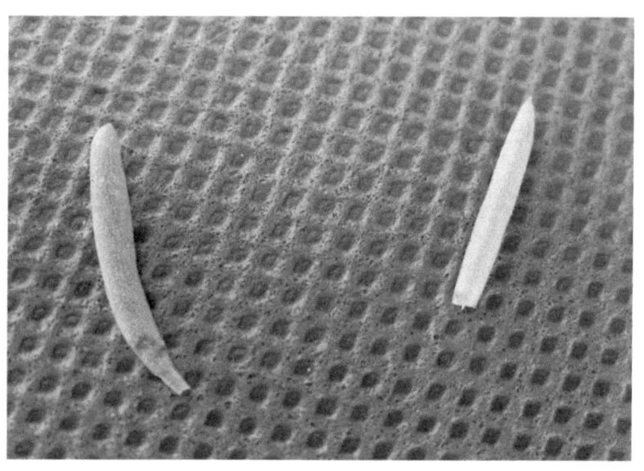

图 4　叶片

阿尔泰狗娃花

主要信息描述

学名	*Heteropappus altaicus* (Willd.) Novopokr.
英文名	Altai Heteropappus
别名	阿尔泰紫菀
蒙名	阿拉泰音－布荣黑
地理区系	东古北极分布种
生活型	多年生草本
水分生态类型	旱生植物
生境	生于山坡草地、干山坡、路旁
特征特性	全株被弯曲短硬毛和腺点；根黄色或黄褐色；茎斜升，基部分枝；叶无柄，全缘，条形，条状矩圆形或披针形；头状花序单生于枝顶或排列成伞形，总苞片革质，舌状花淡蓝紫色，管状花黄色；瘦果长圆状倒卵形。轴根植物，耐干旱，再生性弱，耐牧性不强。7—8月开花，9月成熟。染色体2n=18，36
饲用等级	中等
主要用途	羊、牛、马均乐食其嫩枝、花期食其花，骆驼乐食全株，适宜放牧利用，刈割调制的干草羊、牛、马均喜食
最佳图像采集时期	8月上旬
最佳种子收集时期	9月上旬

图　像

图 1　生境

图 2　植株

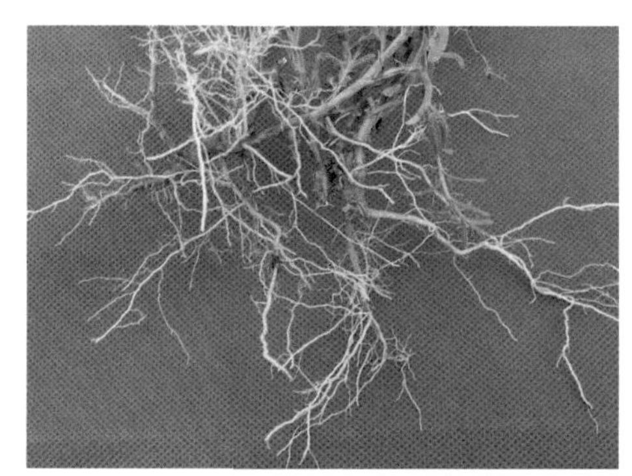

图 3　根系

图 4　茎叶

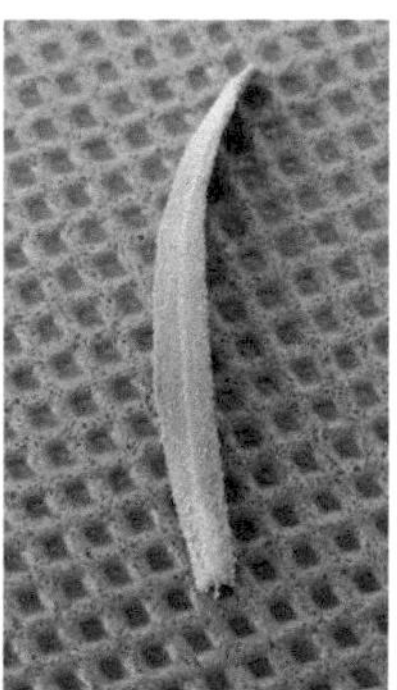

图 5　叶片

图 6　花序

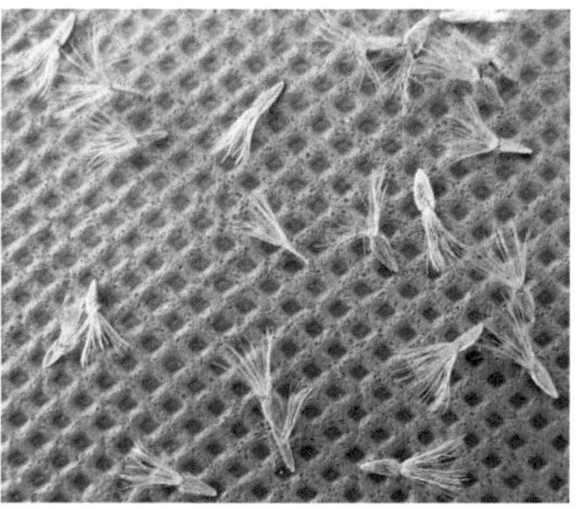

图 7　果实

抱茎苦荬菜

主要信息描述

学名	*Ixeris sonchifolia* (Bunge) Hance
英文名	Sowthistle–leaf Ixeris
别名	苦荬菜、抱茎小苦荬、苦碟子
蒙名	陶日格 – 陶来音 – 伊达日阿
地理区系	东亚分布种
生活型	多年生草本
水分生态类型	中生植物
生境	生于山坡
特征特性	根圆锥形，伸长，褐色；茎直立，具纵条纹，上部多少分枝；基生叶多数，铺散，矩圆形；茎生叶较狭小，卵状矩圆形或矩圆形；头状花序多数，排列成密集或疏散的伞房状，具细梗；瘦果纺锤形。6—7 月开花，8—9 月果熟
饲用等级	中等
主要用途	嫩茎叶可作鸡、鸭、鹅的青饲料；青草猪、牛、羊都喜食。全草入药，有清热、解毒、消肿的功效
最佳图像采集时期	6 月下旬
最佳种子收集时期	8 月下旬

图 像

图 1 生境

图 2 植株

图 3 根系

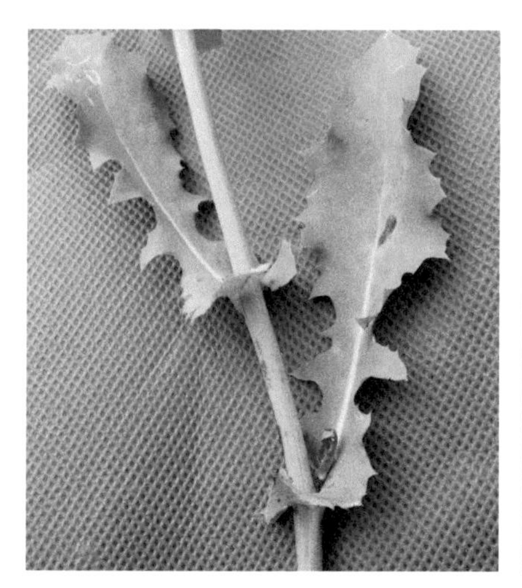
图 4 茎叶

图 5 叶片

图 6 花序

乳苣

主要信息描述

学名	*Mulgedium tataricum* (L.) DC.
英文名	Tartarian Mulgedium
别名	紫花山莴苣、苦苦菜、蒙山莴苣
蒙名	嘎鲁棍－伊达日阿
地理区系	古北极分布种
生活型	多年生草本
水分生态类型	中生植物
生境	生于田边、河岸、沙地
特征特性	根圆锥形，棕褐色；茎直立，单生或数个丛生，具纵棱，不分枝或上部分枝，茎中下部叶灰绿色，稍肉质，基部渐狭成具翅的短叶柄，柄基半抱茎；茎顶为开展的圆锥花序，总苞片 4 层，带紫红色，边缘狭膜质；瘦果长椭圆形，冠毛单毛状，白色。根蘖性植物；耐盐，对气候干旱有一定适应能力。6—7 月开花，8—9 月成熟。染色体 2n=18
饲用等级	良等
主要用途	家禽、猪、兔最为喜食；牛、羊、马采食叶子和幼嫩的花；幼嫩叶子和直根，浸泡后除去苦味，可作蔬菜；是一种中草药，可用于清热、解毒、活血、排脓
最佳图像采集时期	7 月下旬
最佳种子收集时期	9 月上旬

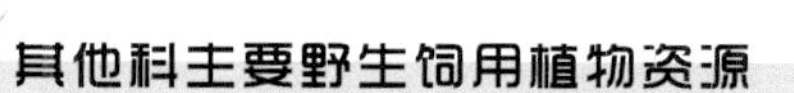

图　像

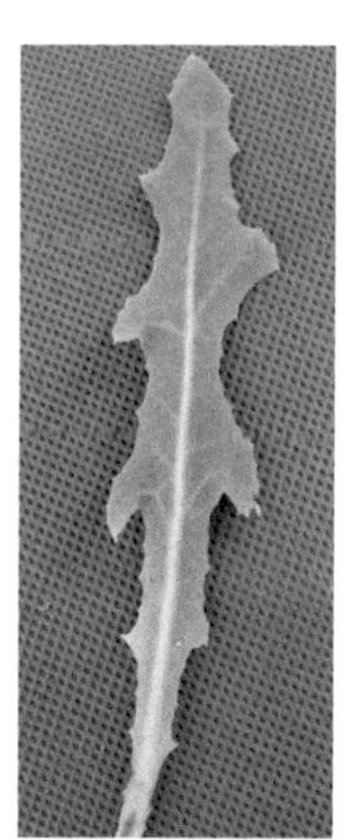

图 1　生境　　图 2　植株　　图 3　根系　　图 4　叶片

图 5　花枝　　图 6　花序　　图 7　果实

麻花头

主要信息描述

学名	*Serratula centauroides* L.
英文名	Common Sawwort
别名	花儿柴
蒙名	洪古日－扎拉
地理区系	华北－蒙古分布种
生活型	多年生草本
水分生态类型	中旱生植物
生境	生于山地草原
特征特性	茎直立，具纵沟棱；基生叶与茎下部叶长椭圆形，羽状深裂，裂片长椭圆形或披针形，先端锐尖，边缘具不规则缺刻状疏齿，两面被皱曲短节毛，具长柄；中部及上部叶羽状深裂，无柄；头状花序数个，单生枝顶，花序梗较长；瘦果倒圆锥形，长约 6mm，褐色，冠毛淡黄色。直根系较深，喜生于干旱排水良好的生境。6—7 月花期，8—9 月成熟。染色体 2n=30，60
饲用等级	中等
主要用途	株高花艳，在花期可成为草原景观植物；早春返青后的基生叶，牛、马、羊均喜食，夏季基本不采食；夏季刈割调制成干草后，各种家畜均喜食；冬季放牧时各种家畜均采食
最佳图像采集时期	7 月下旬
最佳种子收集时期	9 月上旬

图　像

图 1　生境

图 2　植株

图 3　根系

图 4　茎叶

图 5　叶片

图 6　花枝

图 7　花序

亚洲蒲公英

主要信息描述

学名	*Taraxacum leucanthum* (Ledeb.) Ledeb.
英文名	Asiatic Dandelion
别名	戟叶蒲公英
蒙名	阿子音－巴格巴盖－其其格
地理区系	华北－蒙古分布种
生活型	多年生草本
水分生态类型	中生植物
生境	生于河滩、草甸、村舍附近
特征特性	全株有白色乳汁；根颈部具褐色残叶基；叶莲座状，倒披针形，无毛，羽状深裂，顶裂片较大，三角状戟形，两侧小裂片狭尖；花葶数枚，头状花序，总苞钟状，舌状花冠淡黄色或白色；瘦果淡褐色，长 2.5～3mm，具纵沟，上部有刺状突起，下部有短而钝的小瘤，喙长达 lmm。适应性强，既耐旱又耐碱。5—6 月开花，6—7 月种子成熟。染色体 2n=18，24
饲用等级	优等
主要用途	青鲜时各类家畜均喜采食，牛最喜食，羊、马乐食；切碎与饲料混合饲喂家禽效果极佳
最佳图像采集时期	5 月中旬
最佳种子收集时期	6 月中旬

图 像

图1 生境

图2 植株

图3 根系

图4 叶片

图5 花序

图6 果序

图7 果实

蒲公英

主要信息描述

学名	*Taraxacum mongolicum Hand.*—Mazz.
英文名	Mongolian Dandelion
别名	蒙古蒲公英、婆婆丁、姑姑英
蒙名	巴格巴盖－其其格
地理区系	东古北极分布种
生活型	多年生草本
水分生态类型	旱中生植物
生境	生于山坡草地、路旁
特征特性	全株具白色苦味乳汁；根圆锥形褐色，粗壮；叶莲座状，羽状浅裂或不分裂而具波状齿，基部渐窄成柄；花葶数个与叶等长或长于叶片，粗壮，中空，常带红紫色，上部密被蛛丝状毛；总苞钟状；舌状花冠黄色，外围舌片的外侧中央具红紫色宽带；瘦果褐色，具多数纵沟，有横纹相连，全部有刺状突起。适应性强，既耐旱又耐碱。5—6 月开花，6—7 月成熟。染色体 2n=18，24
饲用等级	优等
主要用途	各种家畜均喜食，尤其牛、羊挑选采食；切碎与粗饲料混合喂鸡、鸭，效果颇佳；与精料混合喂猪、兔也很好；全草入药，能清热解毒、利尿散结
最佳图像采集时期	5 月中旬
最佳种子收集时期	6 月中旬

图 像

图 1　生境

图 2　植株

图 3　花序

图 4　总苞

图 5　果实

打碗花

主要信息描述

学名	*Calystegia hederacea* Wall.
英文名	Ivy–like Calystegia
别名	小旋花、兔儿草、地参、扶苗、扶七秧子、兔耳草、富苗秧、扶秧、狗儿秧等
蒙名	阿牙根 – 其其格
地理区系	东古北极分布种
生活型	一年生草本
水分生态类型	中生植物
生境	生于耕地、撂荒地和路旁
特征特性	高 8 ~ 30cm，具细长白色的根。茎细，平卧。叶片三角状卵形，戟形或箭形。花单生叶腋，花冠淡紫色或淡粉红色。蒴果卵球形，宿存萼片与之近等长或稍短。种子黑褐色，表面有小疣。喜潮湿肥沃的微酸性土壤及中性土壤，喜光性强，再生力强。7—9 月开花，8—10 月成熟。染色体 2n=22
饲用等级	良等
主要用途	茎叶青鲜时猪最喜食，羊、兔可食，牛马不食。根茎含淀粉，可酿酒、制饴糖。根茎及花入药，根茎主治消化不良、月经不调等；花外用治牙痛
最佳图片采集时期	8 月中旬
最佳种子收集时期	9 月下旬

图　像

图 1　生境

图 2　植株

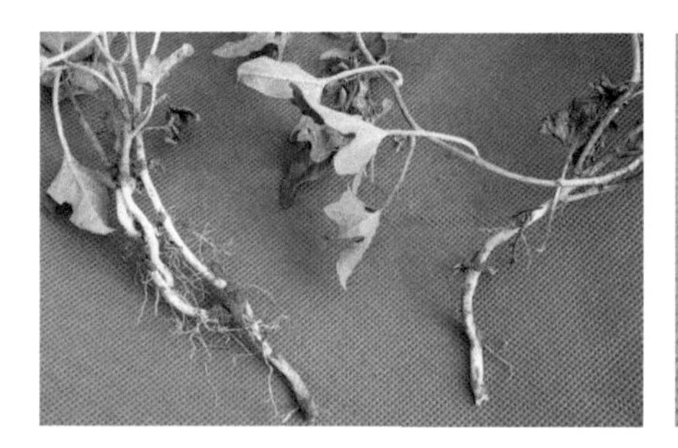

图 3　根系

图 4　叶片

图 5　花

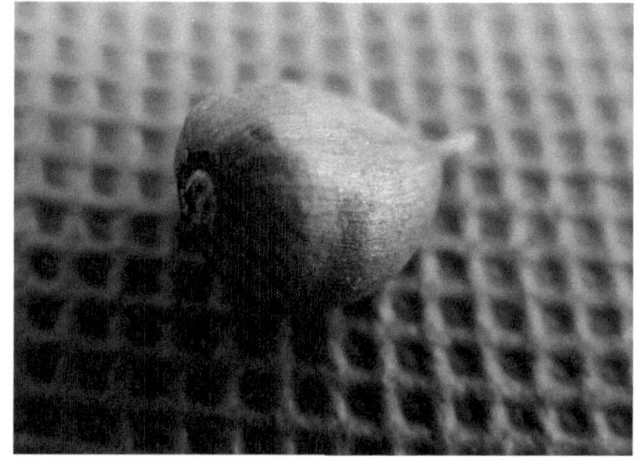

图 6　果实

图 7　种子

田旋花

主要信息描述

学名	*Convolvulus arvensis* L.
英文名	European Glorybind
别名	箭叶旋花、中国旋花、野牵牛、小旋花、拉拉菀、猪草
蒙名	塔拉音－色得日根讷
地理区系	世界分布种
生活型	多年生草本
水分生态类型	中生植物
生境	生于田间、撂荒地、村舍、路旁等
特征特性	根状茎横走。茎平卧或缠绕，有棱。叶互生，三角状卵形至卵形矩圆形。花腋生，花冠漏斗状，白色或粉红色。蒴果卵状球形或圆锥形。适应性强，生态幅宽，喜湿润肥沃微酸性土壤，再生能力非常强。6—8月开花，7—9月成熟。染色体2n=48，50
饲用等级	中等
主要用途	鲜时绵羊、骆驼采食少，其他牲畜均喜食，晒干时各种家畜均采食。全草可入药，能调经活血，滋阴补虚，祛风，主治神经性皮炎，牙痛，风湿性关节痛
最佳图片采集时期	7月上旬
最佳种子收集时期	8月下旬

图　像

图 1　生境

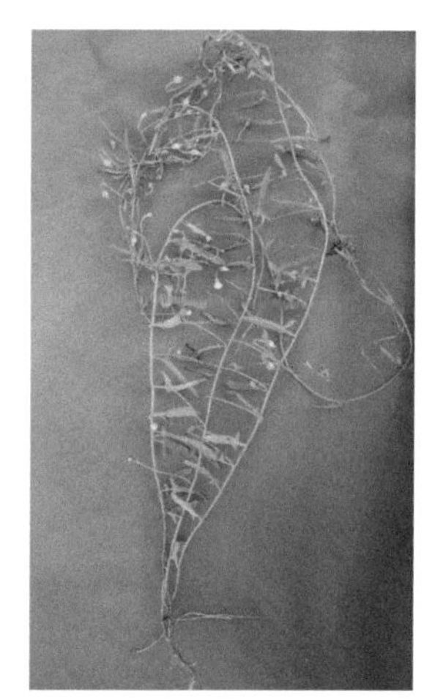

图 2　植株

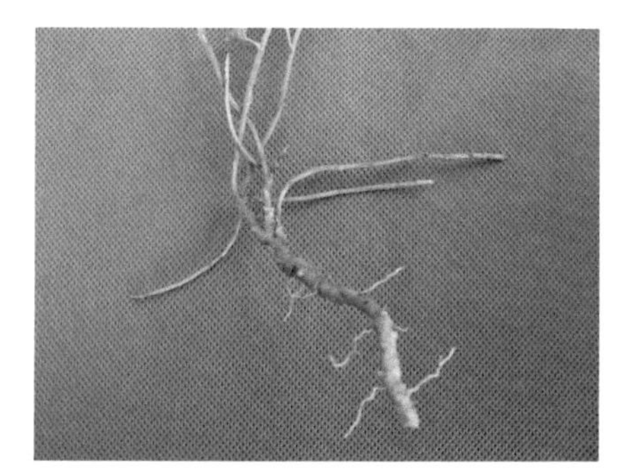

图 3　根系

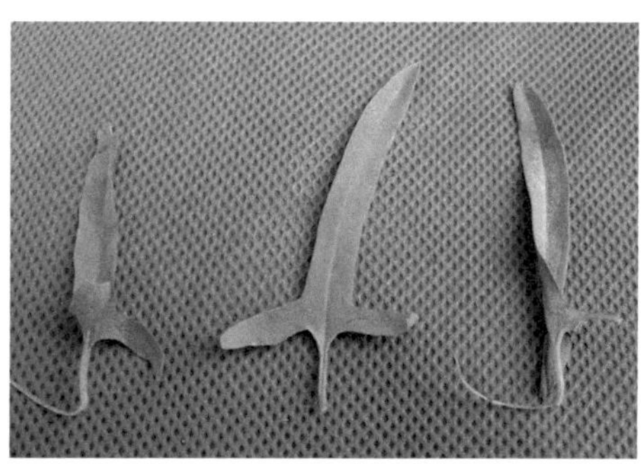

图 4　叶片

图 5　花

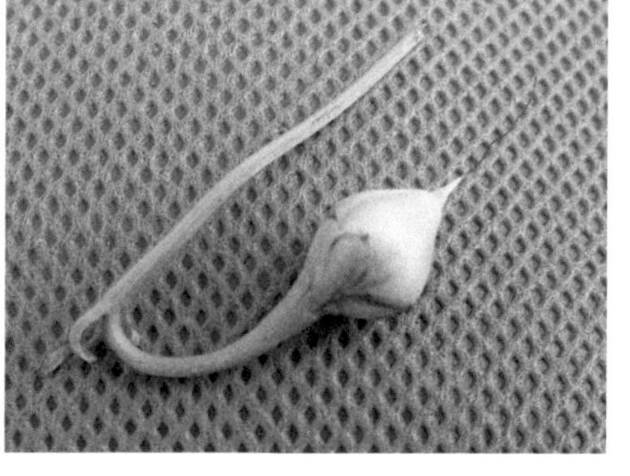

图 6　果实

独行菜

主要信息描述

学名	*Lepidium apetalum* Willd.
英文名	Pepperweed
别名	腺独行菜、辣辣根、辣麻麻、羊拉罐儿
蒙名	昌古
地理区系	东古北极分布种
生活型	一年生或二年生草本
水分生态类型	旱中生植物
生境	生于村边、路旁、田间撂荒地、山地、沟谷
特征特性	高5～30cm。茎直立或斜升，多分枝。基生叶莲座状，羽状浅裂或深裂，叶片狭匙形。茎生叶狭披针形至条形。总状花序。花小，不明显。短角果扁平，近圆形，棕色。适应性和抗逆性很强，对土壤要求不严，喜光，再生能力强。5—6月开花，7—8月成熟。染色体2n=32
饲用等级	中等
主要用途	青绿时羊采食一些，骆驼不吃，马与牛不吃，种子成熟后适口性提高，果枝及果实绵羊喜食。全草及种子均可入药，主治肠炎腹泻、小便不利、水肿等。种子还可榨油，供工业用
最佳图片采集时期	6月上旬
最佳种子收集时期	7月下旬

图　像

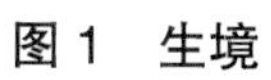
图 1　生境

图 2　植株

图 3　枝条

图 4　叶片

图 5　果序

图 6　果实

宽叶独行菜

主要信息描述

学名	*Lepidium Latifolium* L.
英文名	Grande Passerage
别名	羊辣辣、大辣辣、白花子
蒙名	乌日根－昌古
地理区系	古地中海分布种
生活型	多年生草本
水分生态类型	中生植物
生境	生于田边、路旁、渠道边、村舍旁等
特征特性	高 40～60cm。直根系。茎直立，无毛或疏被柔毛。叶革质，披针形或矩圆状披针形。总状花序顶生，较疏散，呈圆锥状，花小，白色。短角果宽卵形，无毛。种子椭圆形，淡褐色。耐盐碱，不耐积水，喜温和少雨气候。6—7 月开花，8—9 月成熟。染色体 2n=24
饲用等级	中等
主要用途	猪、羊采食，骡、马、驴等大家畜不食。全草入药，主治菌痢、肠炎
最佳图片采集时期	6 月下旬
最佳种子收集时期	8 月下旬

图　像

图 1　生境

图 2　植株

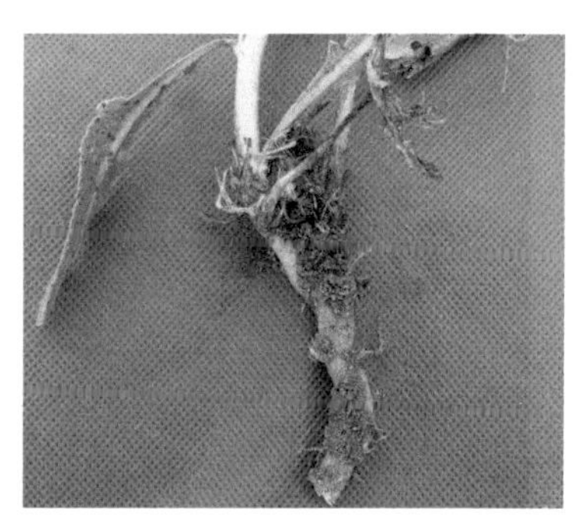
图 3　根系

图 4　叶片

图 5　果枝

图 6　果实

寸草苔

主要信息描述

学名	*Carex duriuscula* C.A.Mey.
英文名	Eggshaped-spike Sedge
别名	寸草、卵穗苔草、羊胡草
蒙名	朱乐格－额布苏、西日黑
地理区系	泛北极分布种
生活型	多年生疏丛草本
水分生态类型	旱生植物
生境	生于沟谷及山坡草地
特征特性	根状茎细长而匍匐；秆纤细，基部具灰黑色或褐色纤维状老叶鞘；叶片内卷成针状，质硬；穗状花序卵形或宽卵形，褐色；小穗3～6，密生，卵形；坚果宽卵形或近圆形。植株矮小，根茎发达，分蘖力强，返青早，生态适应性广；耐寒、耐旱和耐践踏。4月末开花，5月末或6月初成熟。染色体2n=60
饲用等级	优等
主要用途	鲜嫩及枯黄后各类家畜均喜食，在荒漠、半荒漠草原区给家畜提供了早春牧草，对过冬度春的绵羊、山羊的产羔和育羔期具有重要的饲用意义；是一种很有价值的放牧型植物；是北方绿化城市的草皮植物
最佳图像采集时期	5月上旬
最佳种子收集时期	6月上旬

图　像

图 1　生境

图 2　植株

图 3　根系

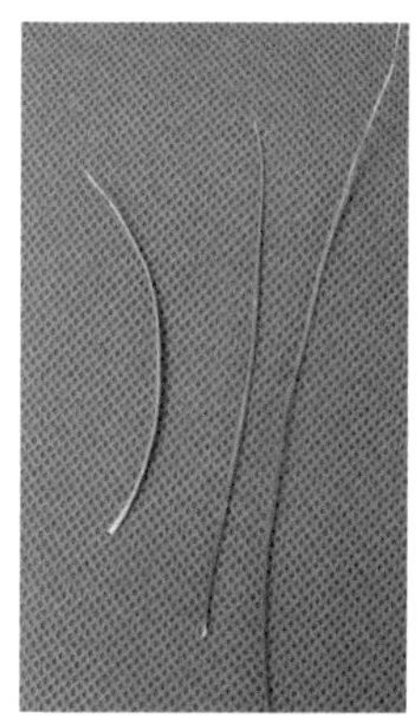

图 4　叶片

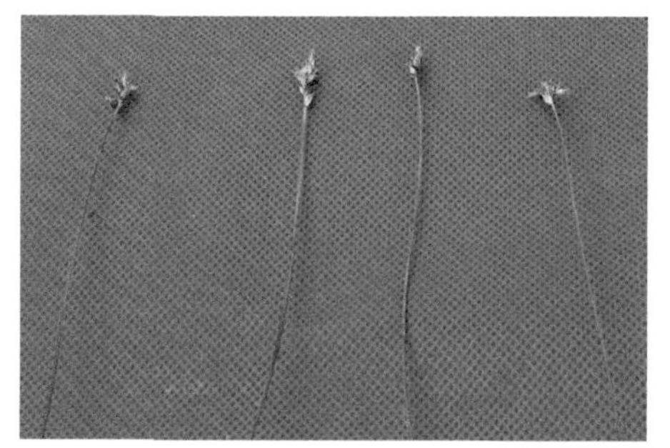

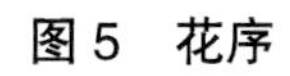

图 5　花序

图 6　果实

射干鸢尾

主要信息描述

学名	*Iris dichotoma* Pall.
英文名	Vesper Iris
别名	歧花鸢尾、白射干、芭蕉扇
蒙名	海其 – 额布苏
地理区系	东古北极分布种
生活型	多年生草本
水分生态类型	中旱生植物
生境	生于干燥山坡
特征特性	根状茎粗壮，具多数黄褐色须根；茎圆柱形，直立，多分枝，分枝处具一枚苞片；叶基生，6～8 枚，排列在一个平面上，呈扇状；叶片剑形，基部套折状，边缘白色膜质，两面光滑；聚伞花序，有花 3～15 朵；花梗较长，花白色或淡紫红色，具紫褐色斑纹；蒴果圆柱形；种子暗褐色，椭圆形，两端翅状。花期 7 月，果期 8—9 月。染色体 2n=32
饲用等级	中等
主要用途	早春大、小畜采食其茎叶；枯黄后牛、绵羊乐食
最佳图像采集时期	7 月下旬
最佳种子收集时期	9 月上旬

图　像

图 1　生境

图 2　植株

图 3　根系

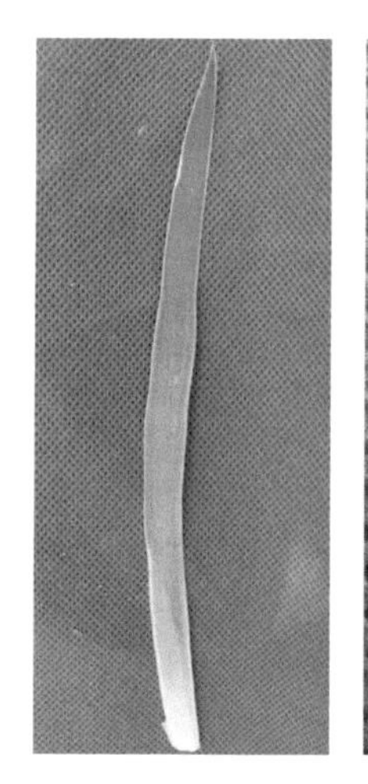
图 4　叶片

图 5　花序

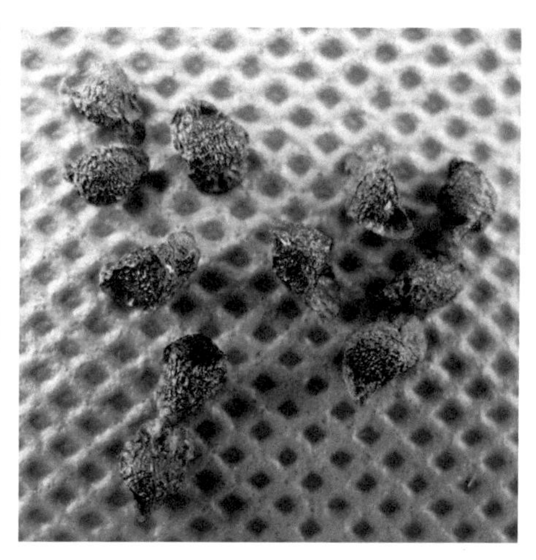
图 6　果实

马 蔺

主要信息描述

学名	*Iris lactea Pall.var.chinensis* (Fisch.) Koidz.
英文名	Chinese Iris
别名	马莲
蒙名	查黑乐得格
地理区系	东古北极分布种
生活型	多年生草本
水分生态类型	中生植物
生境	生于平地路旁或河滩低湿地
特征特性	根状茎粗壮；植株基部具稠密红褐色纤维状宿存叶鞘；基生叶多数，剑形，花期与花葶等长或稍超出，后渐明显超出花葶，光滑；花葶丛生，花 1 ~ 3 朵；蒴果长椭圆形，具纵肋 6 条，有尖喙；种子近球形。耐轻度或中度盐渍化。5—6 月开花，8—9 月成熟。染色体 2n=40
饲用等级	中等
主要用途	青绿时大、小畜少食或不食，枯黄后各种家畜乐食；盐碱地可引种栽培；调制的干草可用于冬季补饲；花、种子及根入药，能清热解毒、止血、利尿；花及种子也入蒙药，能解痉、杀虫、止痛、解毒、消食；植物纤维，可制纸、制绳，根可制作刷子；是固沙及庭院绿化观赏植物
最佳图像采集时期	5 月下旬
最佳种子收集时期	8 月下旬

图　像

图 1　生境

图 2　植株

图 3　叶片

图 4　花

图 5　果实

图 6　种子

糙　苏

主要信息描述

学名	*Phlomis umbrosa* Turcz.
英文名	Jerusalemsage
别名	大叶糙苏、山苏子
蒙名	奥古乐今 – 土古日爱
地理区系	东亚 (华北 – 华南) 分布种
生活型	多年生草本
水分生态类型	中生植物
生境	生于疏林下或草坡上
特征特性	高 60 ~ 110cm。根粗壮。茎多分枝，四棱形，疏被向下短硬毛。叶近圆形，卵形至卵状长圆形。轮伞花序，具花 4 ~ 8 朵，腋生，花冠粉红色，长具红色斑点，雄蕊内藏，花丝无毛，无附属器。小坚果无毛。6—8 月开花，8—9 月成熟。染色体 2n=22
饲用等级	低等
主要用途	牛、羊、骆驼采食。全草和根入药，全草能散风、解毒、止咳等，主治感冒，慢性支气管炎；根能清热消肿，主治风湿骨痛，跌打损伤等
最佳图片采集时期	7 月中旬
最佳种子收集时期	8 月下旬

图 像

图1 生境

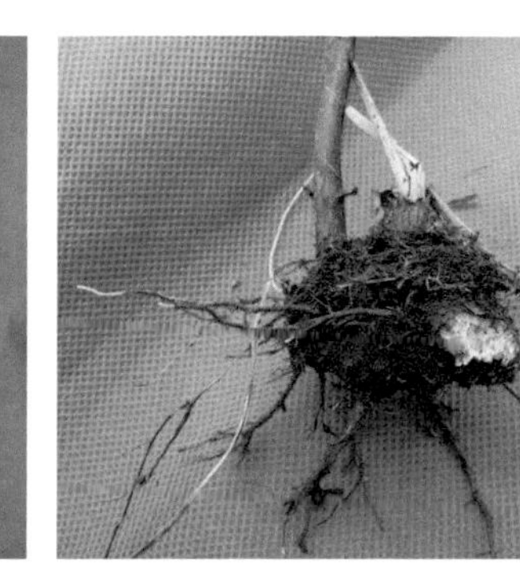

图2 植株

图3 根系

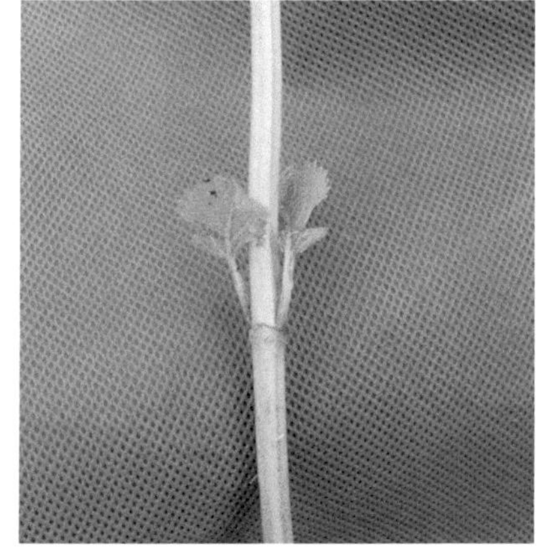
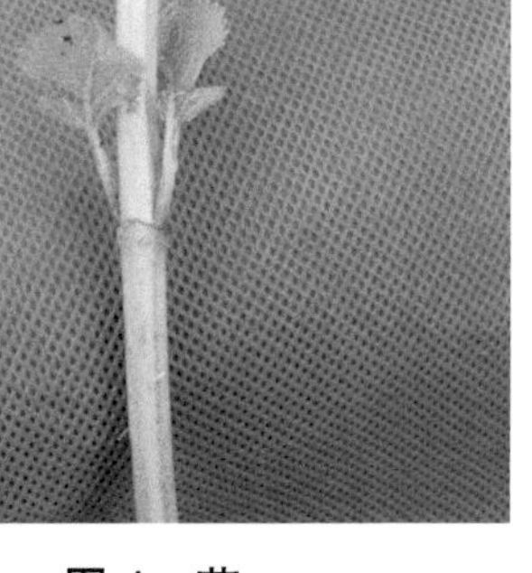

图4 茎

图5 叶片

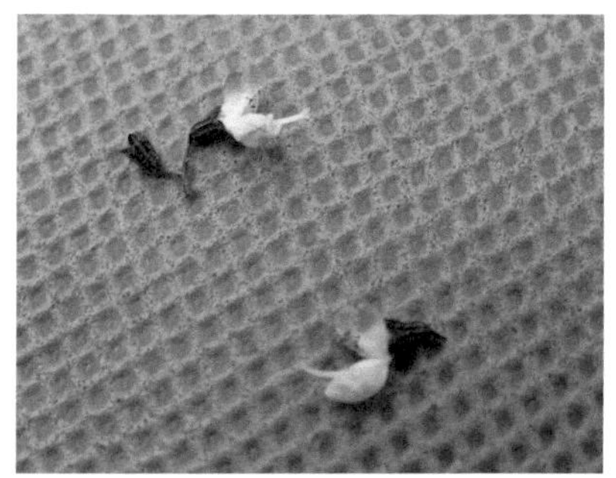

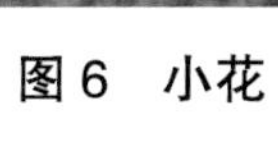

图6 小花

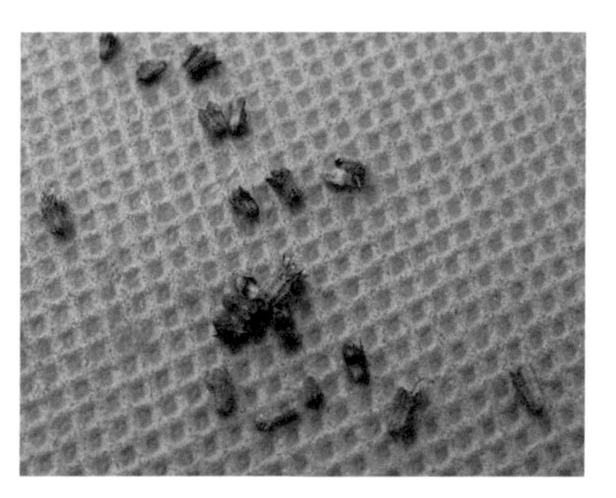

图7 果实

百里香

主要信息描述

学名	*Thymus mongolicus* Ronn.
英文名	Mongo Thyme
别名	地椒、地姜、千里香、山椒、山胡椒、麝香草
蒙名	哥克日－乌布斯
地理区系	东古北极分布种
生活型	小半灌木
水分生态类型	旱生植物
生境	生于多石山地、斜坡、山谷、山沟、路旁及杂草丛中
特征特性	高 2～10cm，有芳香气味。茎丛生，具长匍匐枝。叶圆卵形。轮伞花序排列成头状。花冠淡玫瑰紫色。小坚果近圆形或卵圆形，压扁状。喜温暖，喜光和干燥的环境，对土壤的要求不高。7—8 月开花，9 月成熟
饲用等级	中等
主要用途	幼嫩时羊、马乐食，夏季家畜不食。秋冬家畜又采食。它是重要的天然牧草和水土保持植物。可作园林绿化植物。可提取芳香油，供香料、食品工业用。可作蜜源植物。全草入药，主治感冒、头痛、牙痛等
最佳图片采集时期	7 月中旬
最佳种子收集时期	9 月中旬

图　像

图 1　生境

图 2　植株

图 3　匍匐茎

图 4　茎叶

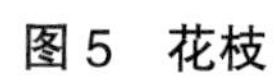

图 5　花枝

图 6　花序

矮 韭

主要信息描述

学名	*Allium anisopodium* Ledeb.
英文名	Dwarf Onion
别名	矮葱
蒙名	那林－冒盖音－好日
地理区系	东古北极分布种
生活型	多年生草本
水分生态类型	中旱生植物
生境	生于山坡沙砾石质地
特征特性	外皮黑褐色；根状茎横生；鳞茎近圆柱形，数枚聚生；叶半圆柱状，伞形花序松散呈帚状，花淡紫色至紫红色； 子房卵球状，基部无凹陷的蜜穴；花柱短于或近等长于子房，不伸出花被外。花果期 6—8 月。染色体 2n=16
饲用等级	优等
主要用途	绵羊、山羊、马和骆驼均喜食，为催肥放牧型牧草
最佳图像采集时期	6 月下旬
最佳种子收集时期	8 月下旬

图　像

图 1　植株

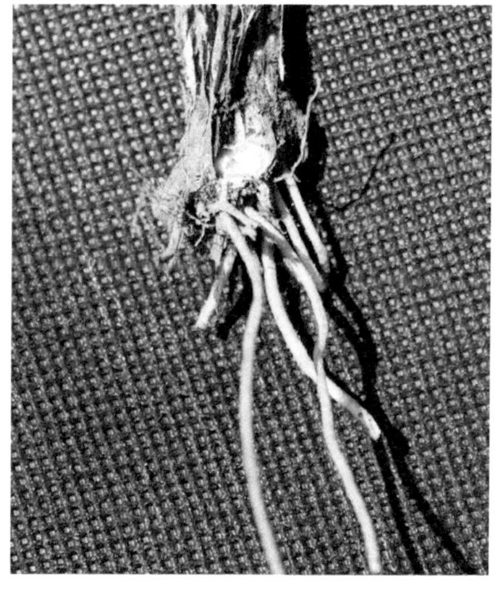

图 2　根系

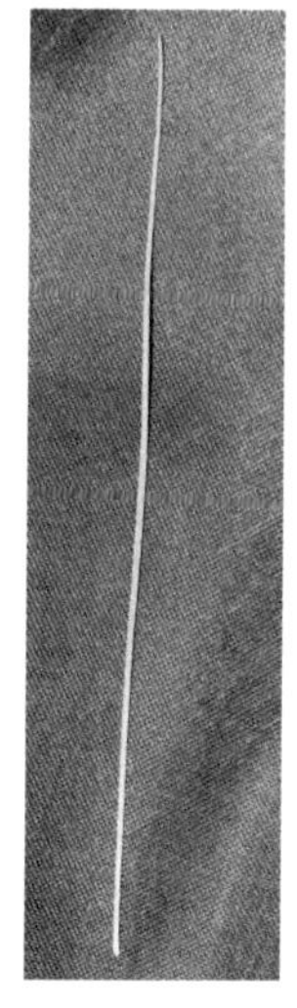

图 3　叶片

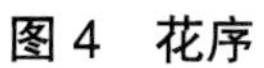
图 4　花序

图 5　果序

图 6　果实

野　韭

主要信息描述

学名	*Allium ramosum* L.
英文名	Branchy Onion
别名	无
蒙名	哲日勒格－高戈得
地理区系	东古北极分布种
生活型	多年生草本
水分生态类型	中旱生植物
生境	生于山坡、路旁
特征特性	根状茎粗壮；鳞茎近圆柱状，簇生，外皮暗黄色至黄褐色，破裂成纤维状，呈网状；叶三棱状条形，背面纵棱隆起呈龙骨状，叶缘及沿纵棱常具细糙齿，中空，短于花葶；花葶圆柱状，下部被叶鞘；伞形花序半球状或近球状，具多而较疏的花；小花梗近等长；花白色，稀粉红色。花果期7—9月。染色体2n=16，32
饲用等级	优等
主要用途	青鲜时为牛、羊所喜食，马乐食，是保膘的优质牧草；可在半人工草地进行补播，提高草群的品质；叶可作蔬菜食用，花和花亭可腌渍做“韭菜花”调味佐食
最佳图像采集时期	7月下旬
最佳种子收集时期	9月上旬

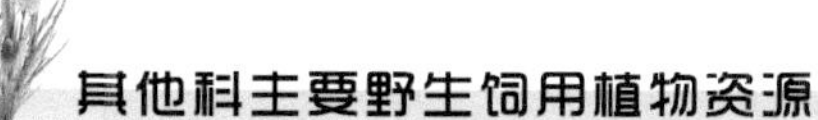

图 像

图1 生境

图2 植株

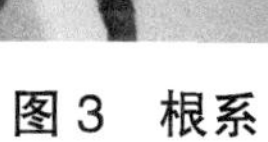
图3 根系

图4 花序

山 丹

主要信息描述

学名	*Lilium pumilum* DC.
英文名	Low Lily
别名	细叶百合、山丹丹花
蒙名	萨日阿楞
地理区系	东古北极分布种
生活型	多年生草本
水分生态类型	中生植物
生境	生于山坡草地、林缘、灌丛
特征特性	鳞茎卵形或圆锥形；茎直立，密被小乳头状突起；叶散生于茎中部，条形，边缘密被小乳头状突起；花1朵至数朵，生于茎顶部，鲜红色，无斑点，下垂；蒴果矩圆形。7—8月花期，9—10月成熟。染色体2n=24
饲用等级	中等
主要用途	鳞茎入药，能养阴润肺、清心安神；花及鳞茎可入蒙药；能接骨、治伤、去黄水、清热解毒、止咳止血；鳞茎可用来煲汤，具有良好的滋补作用；可作观赏植物
最佳图像采集时期	7月中旬
最佳种子收集时期	9月中旬

图　像

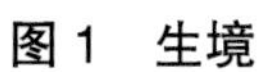
图1　生境

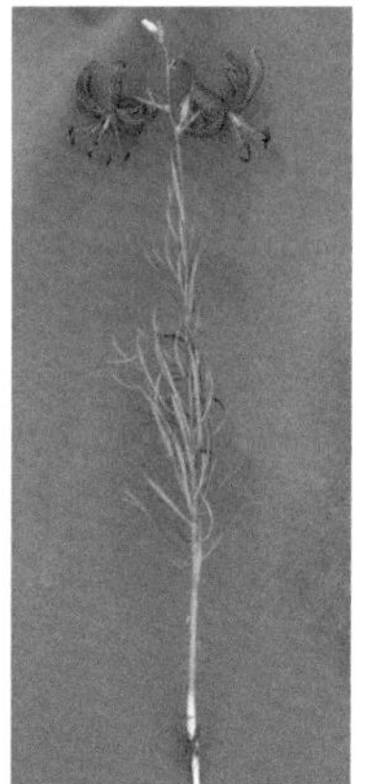

图2　植株

图3　根系

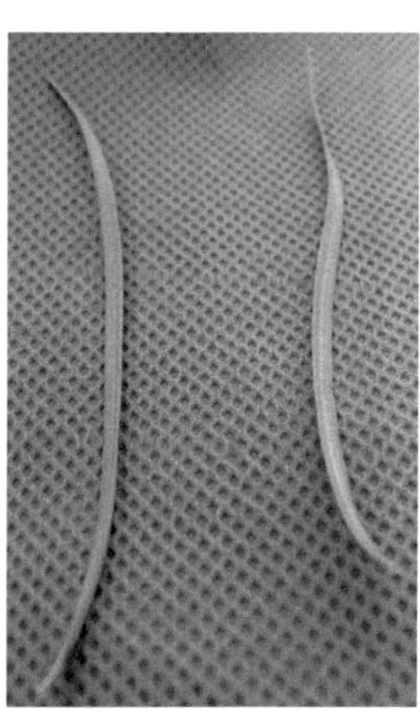

图4　叶片

图5　花

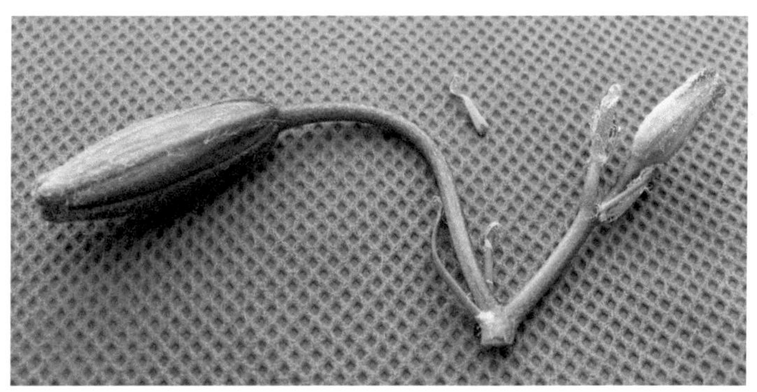

图6　果实

野罂粟

主要信息描述

学名	*Papaver nudicaule* L.
英文名	Iceland Poppy
别名	野大烟、山大烟、山米壳、岩罂粟、山罂粟、小罂粟、橘黄罂粟
蒙名	哲日利格－阿木－其其格
地理区系	东北古极分布种
生活型	多年生草本
水分生态类型	旱中生植物
生境	生于山坡或沟边草地
特征特性	主根圆柱形。叶全部基生，羽状深裂或近二回羽状深裂。花黄色、橙黄色。蒴果矩圆形或倒卵状球形。种子多数，肾形，褐色。耐旱、耐寒，喜阳光，喜排水良好、肥沃的沙壤土。不耐移栽，忌连作与积水。6—7 月开花，8—9 月成熟。染色体 2n=14，28
饲用等级	低等
主要用途	可用于园林观赏。果实可入药，主治久咳、久泄、胃痛、神经性头痛等
最佳图片采集时期	7 月上旬
最佳种子收集时期	8 月下旬

图　像

图 1　生境

图 2　植株

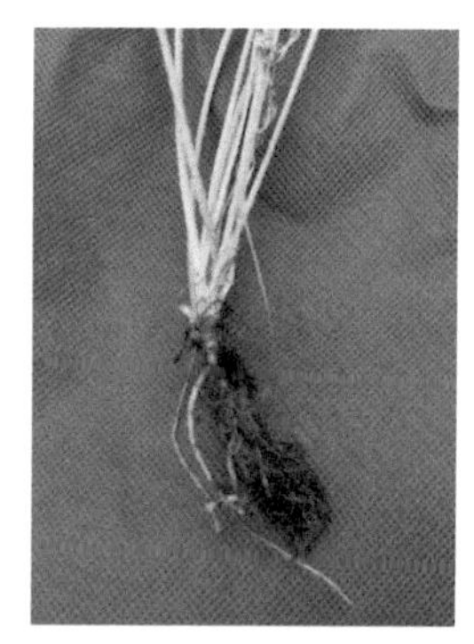

图 3　根系

图 4　叶

图 5　花

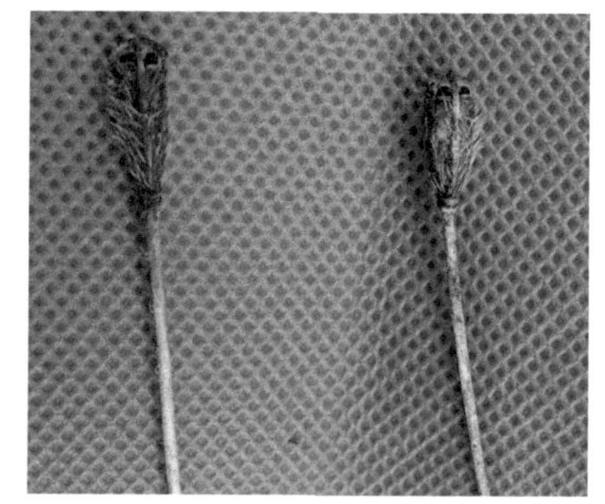

图 6　果实

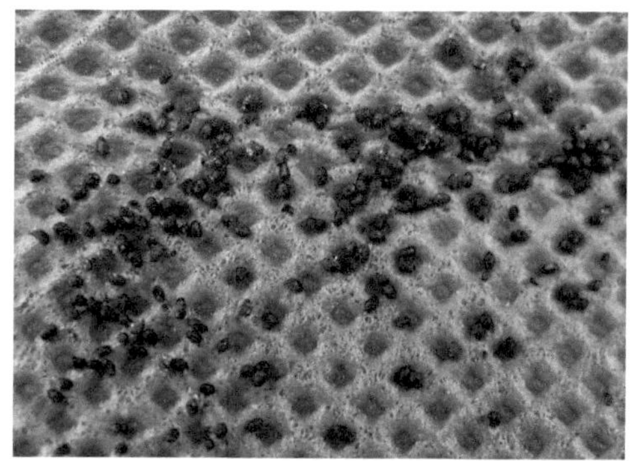

图 7　种子

平车前

主要信息描述

学名	*Plantago depressa* Willd.
英文名	Depressed Plantain
别名	车前草、车轱辘菜、车串串
蒙名	吉吉格 – 乌和日 – 乌日根讷
地理区系	古北极分布种
生活型	一年生或二年生草本
水分生态类型	中生植物
生境	生于路旁、田边、村边
特征特性	直根圆柱状；中部以下多分枝；叶基生，直立或平铺，椭圆形、矩圆形或披针形，边缘有小齿或不整齐锯齿，有时全缘；穗状花序长4～18cm，中、上部花较密生，下部花较疏；蒴果圆锥状，含种子4～5粒。主根直伸，入土较浅，侧根纤细，根幅较小；喜湿润生境，耐盐碱。6—9月开花，7—10成熟。染色体2n=12
饲用等级	良等
主要用途	家畜均喜食，是猪、马、牛、羊的良好青饲料；可放牧利用，亦可青饲、青贮、煮熟或打成浆利用；种子可入药，对畜禽有清热、止泻、利尿、明目的功效；可作蜜源植物
最佳图像采集时期	6月中旬至8月
最佳种子收集时期	7月中旬至9月底

图　像

图 1　生境

图 2　植株

图 3　根系

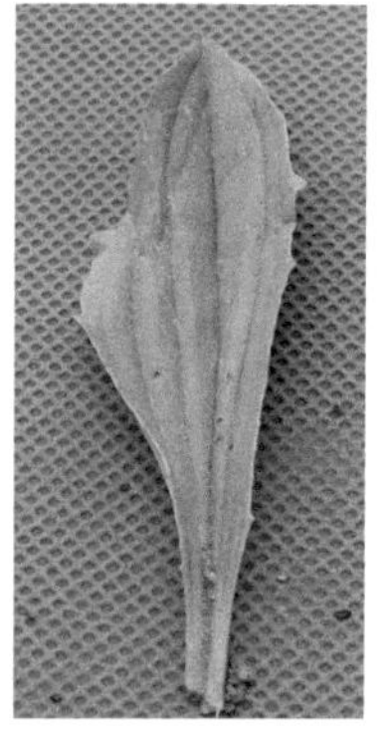

图 4　叶片

图 5　果序

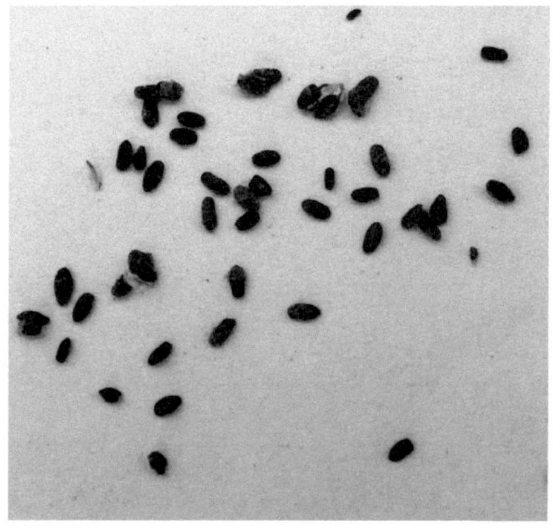

图 6　种子

二色补血草

主要信息描述

学名	*Limonium bicolor* (Bunge.) O. Kuntze
英文名	Twocolor Sealavander
别名	二色矶松、苍蝇架、落蝇子花、苍蝇花、二色匙叶草、盐云草
蒙名	义拉干－其其格
地理区系	黄土高原－蒙古高原分布种
生活型	多年生草本
水分生态类型	旱生植物
生境	生于山地、草原等处
特征特性	高 20～50cm。基生叶匙形、倒卵状匙形至矩圆状匙形。花萼漏斗状，白色稍带红色或黄色，干膜质，宿存，花冠黄色。子房倒卵形，5 棱，花柱 5。耐旱、较耐盐、适应性较广。6—7 月开花，7—8 月成熟。染色体 2n=24
饲用等级	低等
主要用途	鲜叶牛羊采食，亦可喂猪、兔，长老后，家畜不喜食。具有较高的观赏价值，可制作干花。可作天然灭蝇草。可加工香囊、香袋。全草入药，主治月经不调，功能性子宫出血，痔疮出血、胃溃疡等。可作为辅助蜜源植物
最佳图片采集时期	6 月下旬
最佳种子收集时期	8 月上旬

图　像

图 1　生境

图 2　植株

图 3　根系

图 4　基生叶

图 5　花枝

图 6　花萼

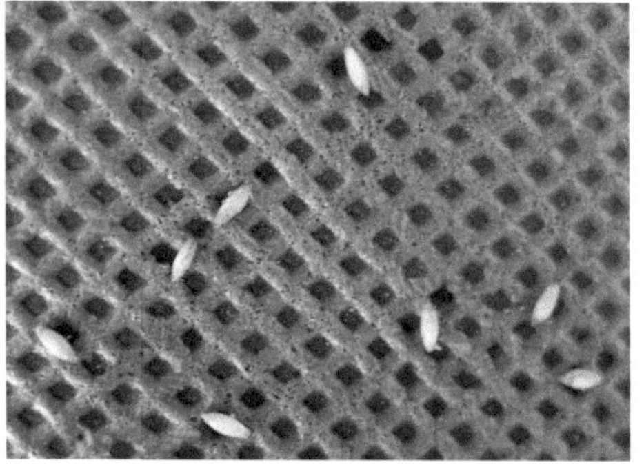

图 7　种子

萹　蓄

主要信息描述

学名	*Polygonum aviculare* L.
英文名	Common Knotweed
别名	萹竹竹、异叶蓼、扁竹、萹蓄蓼
蒙名	布敦纳音 – 苏勒
地理区系	泛北极分布种
生活型	一年生草本
水分生态类型	中生植物
生境	生于田边、路旁、村舍或河边湿地等处
特征特性	高 10 ~ 40cm。茎平卧或斜升。叶椭圆形或披针形。花遍布全株，常 1 ~ 5 朵簇生于叶腋。瘦果卵形，黑色或褐色。侵占性强、耐践踏能力极强。具有较广泛的生态可塑性。6—7 月开花，8—9 月成熟。染色体 2n=20，40，22
饲用等级	优等
主要用途	茎叶柔软，各类家畜全年均可食用。可青饲、放牧、调制成干草和草粉。全草可入药，清热利尿、消炎止泄。还可制成农药，可杀青虫、椿象
最佳图片采集时期	7 月上旬
最佳种子收集时期	8 月下旬

图 像

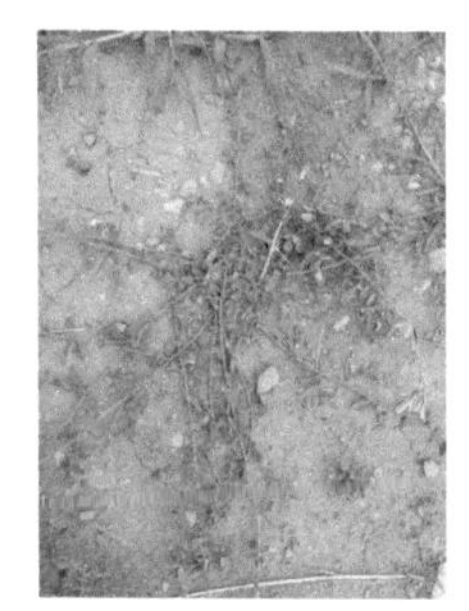
图1 生境

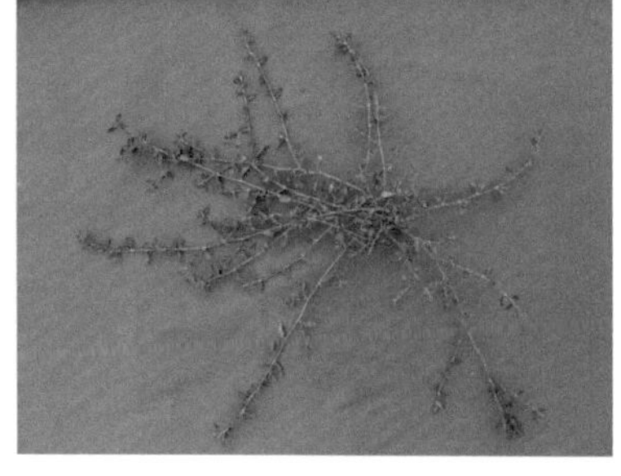
图2 植株

图3 根系

图4 枝条

图5 茎

图6 叶片

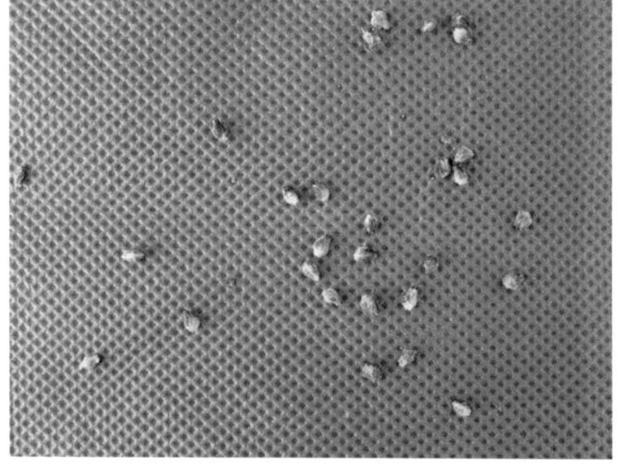
图7 果实

拳 参

主要信息描述

学名	*Polygonum bistorta* L.
英文名	Bistort Knotweed，Snakeweed
别名	紫参、草河车
蒙名	乌和日 – 没和日
地理区系	古北极分布种
生活型	多年生草本
水分生态类型	中生植物
生境	生于山坡草地和林缘草甸
特征特性	高 20 ~ 80cm。根状茎肥厚。茎直立。叶片矩圆状披针形、披针形至狭卵形。花序穗状，顶生，圆柱状。瘦果椭圆形，具 3 棱，红褐色或黑色。6—7 月开花，8—9 月成熟。染色体 2n= 24，48
饲用等级	良等
主要用途	各种家畜均乐食。根状茎可入药，主治肝炎、细菌性痢疾、肠炎等，外用治口腔炎、牙龈炎等。也可作蒙药，主治感冒、肺热等
最佳图片采集时期	7 月上旬
最佳种子收集时期	8 月中旬

图　像

图 1　生境

图 2　植株

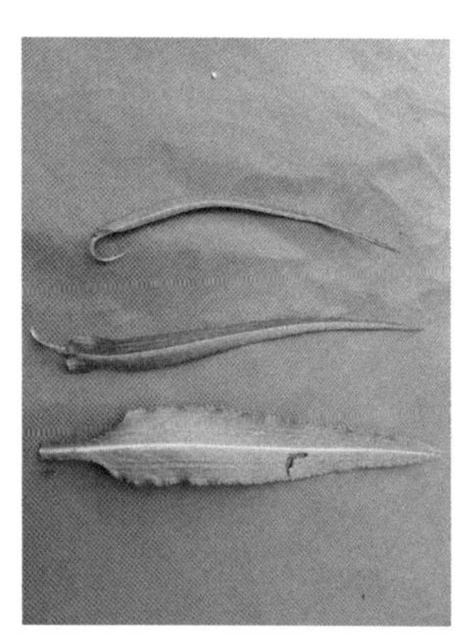
图 3　叶片

图 4　花序

图 5　小花

图 6　种子

柳叶刺蓼

主要信息描述

学名	*Polygonum bungeanum* Turcz.
英文名	Willowleaf Knotweed
别名	本氏蓼
蒙名	乌日格斯图－塔日纳
地理区系	东亚北部分布种
生活型	一年生草本
水分生态类型	中生植物
生境	生于山间谷地、田边、路旁、河边和低湿地
特征特性	高 30～60cm。茎直立或上升，分枝，具纵棱，被稀疏的倒生短皮刺。叶片披针形或宽披针形，托叶鞘筒状，膜质。总状花序由数个花穗组成，顶生或腋生，花排列稀疏，白色或粉红色。瘦果，圆扁豆形。7—8 月开花，8—9 月成熟。染色体 2n=20
饲用等级	低等
主要用途	羊猪乐食
最佳图片采集时期	7 月中旬
最佳种子收集时期	8 月中旬

图 像

图 1　生境

图 2　植株

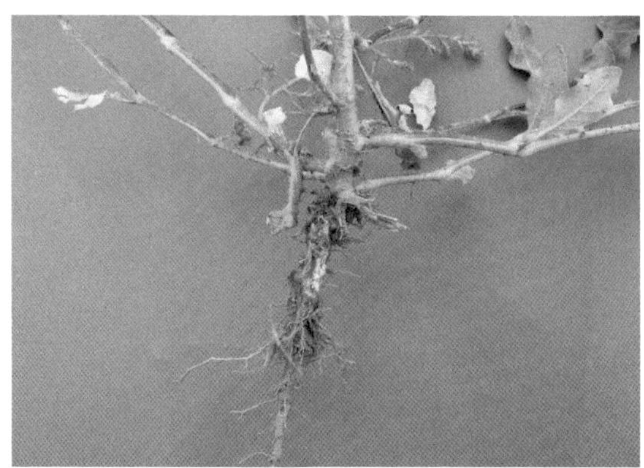

图 3　根系

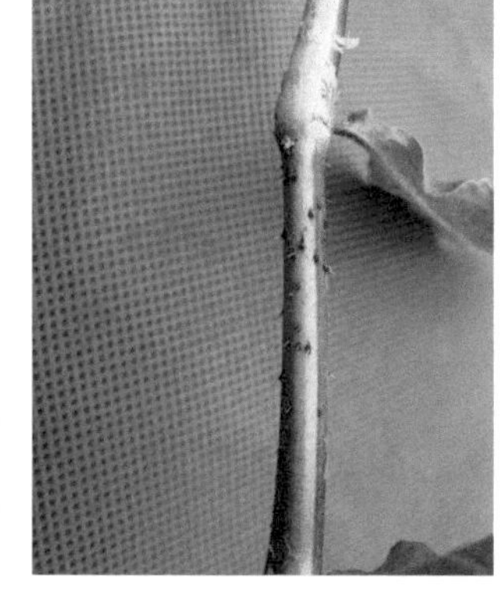

图 4　茎

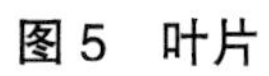

图 5　叶片

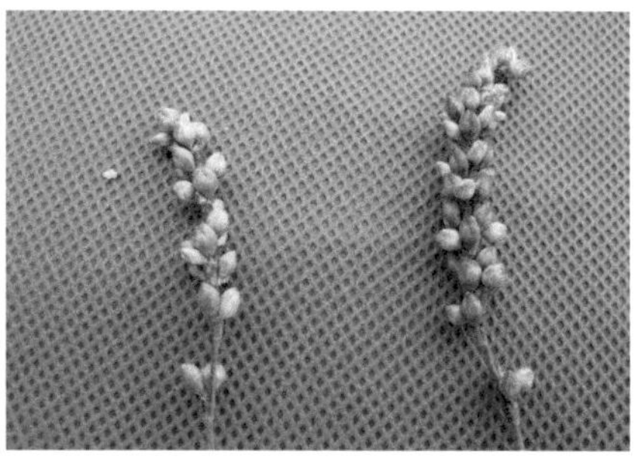

图 6　花序

巴天酸膜

主要信息描述

学名	*Rumex patientia* L.
英文名	Patient Dock
别名	山荞麦、羊蹄叶、牛西西、洋铁叶、洋铁酸膜、牛舌头棵
蒙名	乌和日 – 爱日干纳
地理区系	古北极分布种
生活型	多年生草本
水分生态类型	中生植物
生境	生于村边、路边或荒地
特征特性	高 1 ~ 1.5m。茎直立。叶片矩圆状披针形或长椭圆形。圆锥花序大型，顶生并腋生，花两性，多数花朵簇状轮生。瘦果卵状三棱形，棕褐色。耐寒，喜光，不耐高温。6 月开花，7—9 月成熟。染色体 2n= 40，60
饲用等级	低等
主要用途	开花前茎叶柔嫩，牛、马、羊均采食。根可入药，主治功能性出血、牙龈出血等。根还可提取栲胶。种子可提取油脂、糠醛和淀粉
最佳图片采集时期	6 月中旬
最佳种子收集时期	8 月上旬

图 像

图1 生境

图2 植株

图3 根系

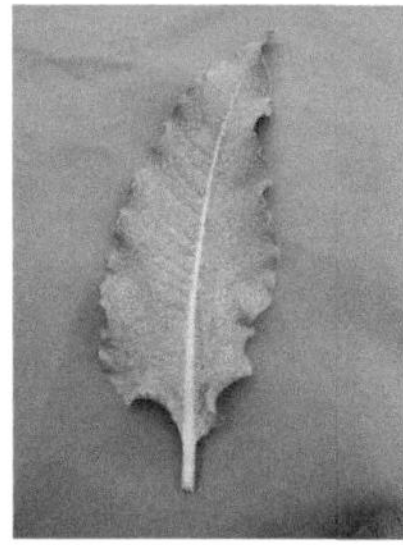

图4 叶片

图5 花序

图6 果实

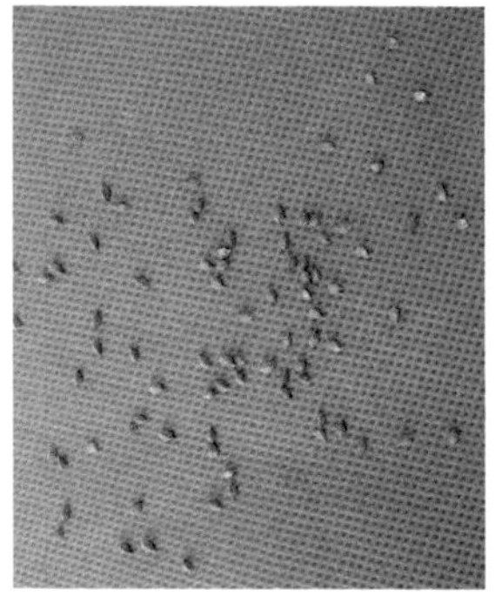

图7 种子

马齿苋

主要信息描述

学名	*Portulaca oleracea* L.
英文名	Purslane
别名	马蛇子菜、马齿草、马苋菜、瓜子菜、蚂蚱菜、麻绳菜、蚂蚁菜、猪母菜、狮岳菜、五行菜、猪肥菜
蒙名	娜仁－淖嘎
地理区系	世界分布种
生活型	一年生草本
水分生态类型	中生植物
生境	生于田间、路旁、菜园、宅旁等处
特征特性	全株光滑无毛。茎平卧或斜升，淡绿色或红紫色。叶肥厚肉质，倒卵状楔形或匙状楔形。花小，黄色。蒴果圆锥形，含多数种子。种子黑色，肾状卵圆形。生态幅广，生活力强，耐旱，耐贫瘠，耐阴。6—8月开花，8—10月成熟。染色体2n=54
饲用等级	良等
主要用途	嫩枝叶是猪的良好饲料，其他家畜少食，生喂、熟喂、青贮、晒干或发酵均喜食。嫩茎叶可作蔬菜食用。全株可药用，有清热利湿、解毒消肿、消炎等作用。还可作兽药和农药
最佳图片采集时期	7月中旬
最佳种子收集时期	9月上旬

图　像

图 1　生境

图 2　植株

图 3　根系

图 4　枝条

图 5　叶片

芹叶铁线莲

主要信息描述

学名	*Clematis aethusifolia* Turcz.
英文名	Longplume Clematis
别名	细叶铁线莲、断肠草
蒙名	那林－那布其特－奥日牙木格
地理区系	东古北极分布种
生活型	多年生草质藤本
水分生态类型	旱中生植物
生境	生于石质山坡及沙地柳丛中
特征特性	幼时直立，以后匍匐。根细长。茎纤细，有纵沟纹，微被柔毛或无毛。叶对生，三至四回羽状细裂。聚伞花序腋生，具1～3花。瘦果倒卵形，扁，红棕色。7—8月开花，9月成熟。染色体2n=16
饲用等级	低等
主要用途	饲用价值低。全草入药，能健胃、消食，治胃包囊虫和肝包囊虫，外用除疮、排脓
最佳图片采集时期	7月下旬
最佳种子收集时期	9月中旬

图　像

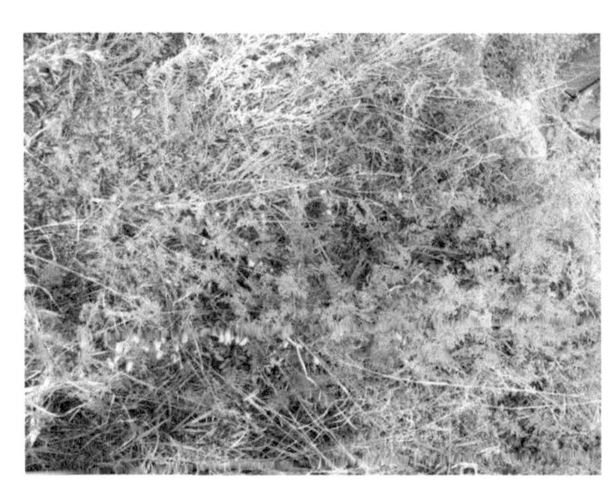

图 1　生境

图 2　植株

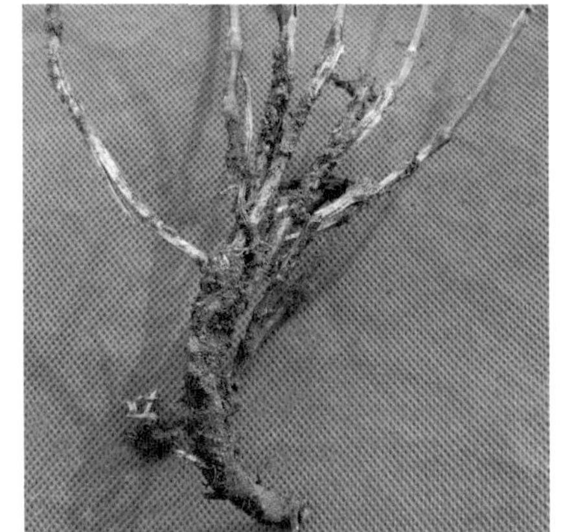

图 3　根系

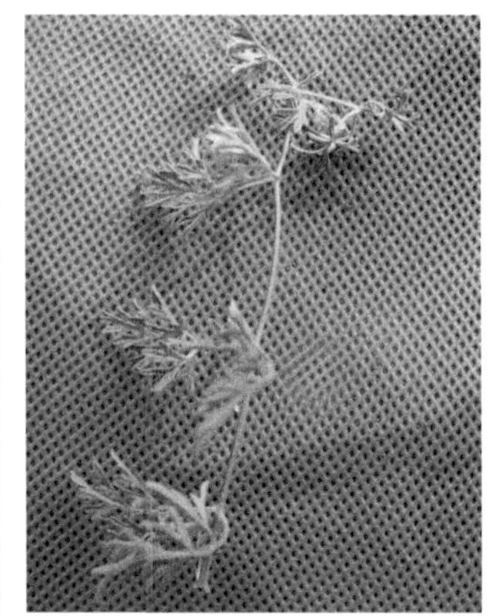

图 4　枝条

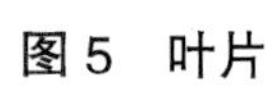

图 5　叶片

图 6　小花

鹅绒委陵菜

主要信息描述

学名	*Potentilla anserine* L.
英文名	Silverweed Cinquefoil
别名	曲尖委陵菜、仙人果、蒴麻、委陵菜、鸭子巴掌菜、河篦梳、蕨麻委陵菜
蒙名	陶来音 – 汤乃
地理区系	世界分布种
生活型	多年生匍匐草本
水分生态类型	中生耐盐植物
生境	生于下湿地水沟边或草甸
特征特性	根木质，圆柱形。茎匍匐。基生叶多数，为单数羽状复叶，小叶无柄，长圆形、椭圆形或倒卵形。花单生，黄色。瘦果近肾形，褐色。喜潮湿环境，对土壤要求不严，耐涝，耐盐碱，喜光，不耐干旱。5—7 月开花，8—9 月成熟。染色体 2n=28，42
饲用等级	中等
主要用途	牛、羊、骡乐食，适于放牧利用，不宜刈割干贮利用。嫩茎叶做野菜。在高寒地区根部可食用和酿酒。全株含鞣质，可提制栲胶。根及全株入药，主治各种出血、细菌性痢疾、风湿性关节炎等。茎叶可提取黄色染料。还可作蜜源植物
最佳图片采集时期	6 月下旬
最佳种子收集时期	8 月下旬

图　像

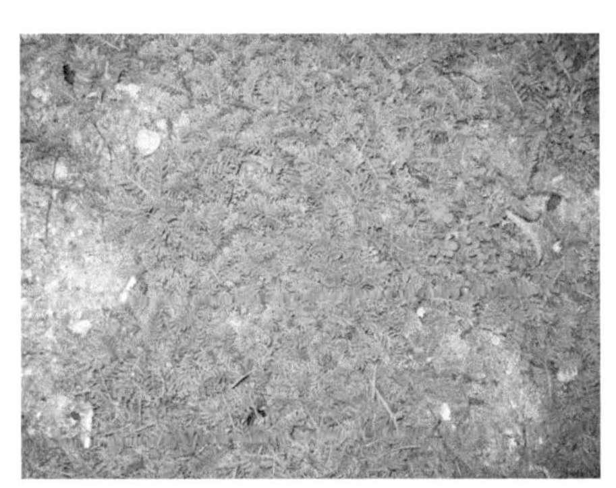

图 1　生境

图 2　植株

图 3　根系

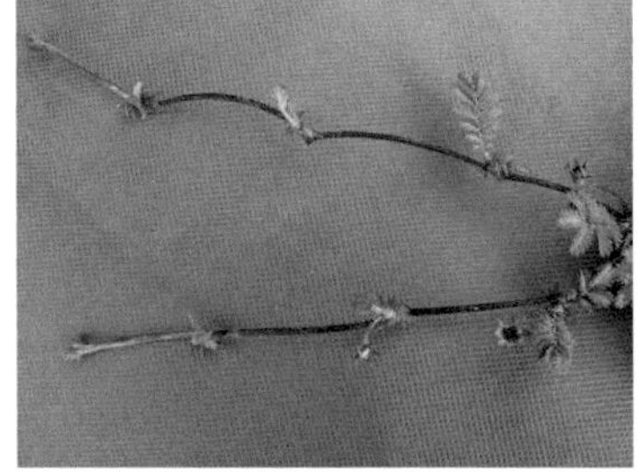

图 4　匍匐茎

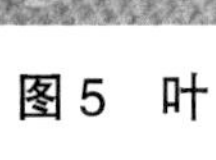

图 5　叶

图 6　花

二裂委陵菜

主要信息描述

学名	*Potentilla bifurca* L.
英文名	Bifurcate Cinquefoil
别名	叉叶委陵菜、痔疮草
蒙名	阿叉－陶来音－汤乃
地理区系	东古北极分布种
生活型	多年生草本或亚灌木
水分生态类型	广幅旱生植物
生境	生于疏林、山坡草地、农田、路边等处
特征特性	高 5 ~ 20cm。根状茎木质化。茎直立或斜升。单数羽状复叶，小叶片无柄，椭圆形或倒卵椭圆形。聚伞花序，顶生，花瓣黄色。瘦果近椭圆形，褐色。适应性强，生态幅度广，耐旱性强，较耐盐和耐沙。5—7 月开花，8—9 月成熟。染色体 2n=56
饲用等级	良等
主要用途	青鲜时山羊、绵羊喜食，骆驼四季均食，马、牛乐食较少。由幼芽密集簇生形成红紫色的垫状丛，可入药，称“地红花”，主治功能性子宫出血、产后出血过多。还可作为辅助蜜源植物
最佳图片采集时期	6 月下旬
最佳种子收集时期	8 月下旬

图 像

图1 生境

图2 植株

图3 根系

图4 叶

图5 花

图6 果枝

绢毛细蔓委陵菜

主要信息描述

学名	*Potentilla reptans* L.var.sericophylla Franch.
英文名	Equaltoothed Cinquefoil
别名	绢毛匍匐委陵菜、五爪龙
蒙名	哲乐图 – 陶来音 – 汤乃
地理区系	东亚分布变种
生活型	多年生草本
水分生态类型	旱中生植物
生境	生于山地草甸及山地沟谷等
特征特性	具纺锤状块根。茎匍匐，纤细，平铺地面。掌状三出复叶，顶生小叶椭圆形或倒卵形。花单生，花梗纤细，花瓣黄色。5—6 月开花，7—8 月成熟
饲用等级	低等
主要用途	饲用价值低。块根供药用，能解毒，生津止渴，也作利尿剂。全草入药，有发表、止咳作用；鲜品捣烂外敷，可治疮疖
最佳图片采集时期	6 月上旬
最佳种子收集时期	7 月下旬

图　像

图 1　生境

图 2　植株

图 3　根系

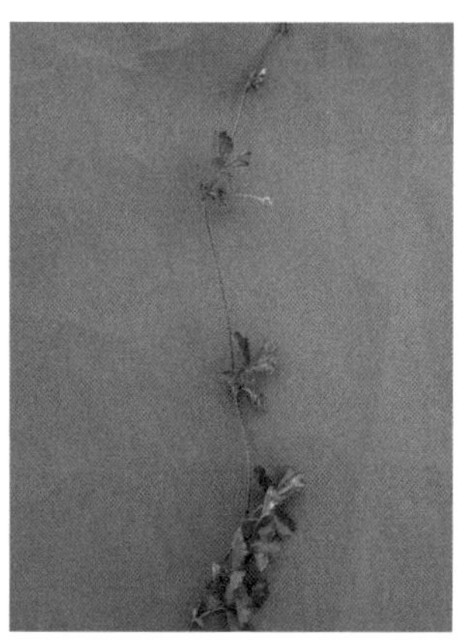
图 4　枝条

图 5　匍匐茎和不定根

图 6　叶

黄刺玫

主要信息描述

学名	*Rosa xanthina* Lindl.
英文名	Yellow Rose
别名	重瓣黄刺玫、刺玖花、黄刺莓、破皮刺玫、刺玫花
蒙名	格日音 – 希日 – 扎木尔
地理区系	华北分布种
生活型	灌木
水分生态类型	旱中生植物
生境	生于山地或石质山坡
特征特性	高 1 ~ 2m。小枝褐色或褐红色，具刺。单数羽状复叶，小叶 7 ~ 13 枚，近圆形或椭圆形。花单生，黄色。蔷薇果红绿色，近球形。喜光，稍耐阴，耐寒力强。对土壤要求不严，耐干旱和瘠薄，在盐碱土中也能生长，以疏松、肥沃土地为佳，不耐水涝。5—6 月开花，7—8 月成熟。染色体 2n=14，28
饲用等级	低等
主要用途	饲用价值低。可供观赏。可作保持水土及园林绿化树种。果实可食、制果酱。花可提取芳香油。花、果入药，主治消化不良、月经不调、高血压、头晕等
最佳图片采集时期	5 月中旬
最佳种子收集时期	7 月下旬

图 像

图 1 植株

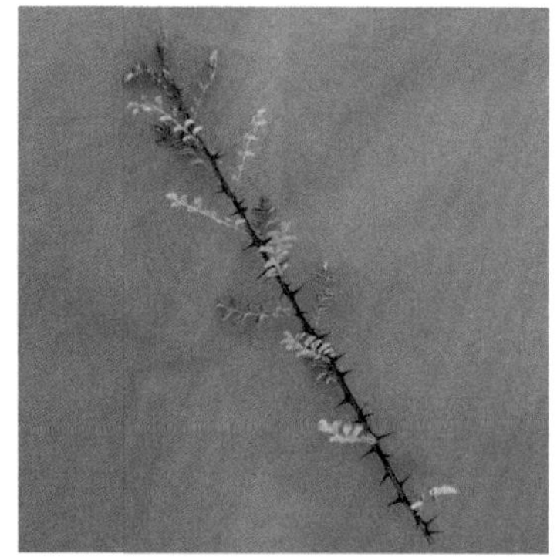
图 2 枝条

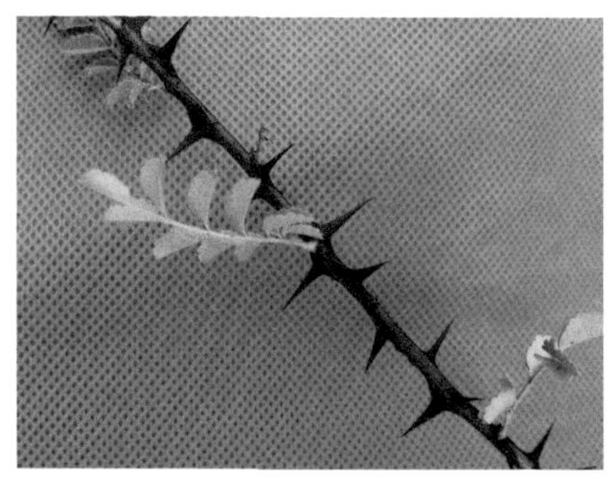
图 3 茎刺

图 4 叶

图 5 果枝

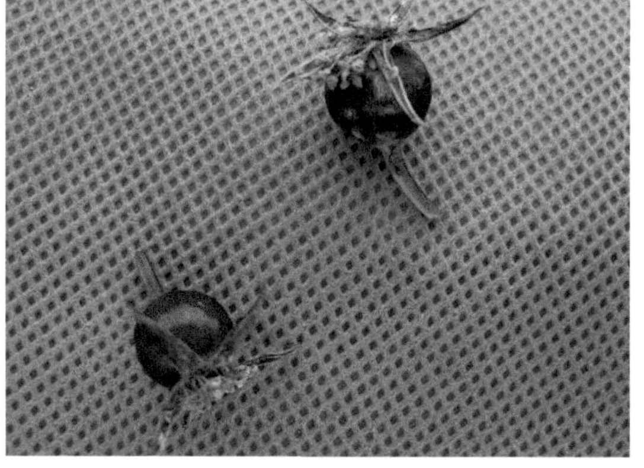
图 6 果实

地　榆

主要信息描述

学名	*Sanguisorba officinalis* L.
英文名	Garden Burnet
别名	黄瓜香、蒙古枣、山枣子
蒙名	苏都－额布斯
地理区系	泛北极分布种
生活型	多年生草本
水分生态类型	中生植物
生境	生于林缘草甸
特征特性	高 30～80cm。根粗壮。茎直立。单数羽状复叶，小叶片卵形、椭圆形或条状披针形。穗状花序，头状或短圆柱状，花两性。瘦果宽卵形或椭圆形。适应性强，生态幅度广，耐寒力强，再生性能强。7—8 月开花，8—9 月成熟。染色体 2n=28，56
饲用等级	良等
主要用途	青鲜时各类家畜采食，开花时牛、马、羊喜采食花序，调制成干草时家畜亦采食。根入药，主治便血、尿血等。全株含鞣质，可提制栲胶。根含淀粉，可酿酒。种子油可供制肥皂和工业用。全草可作农药。可作绿化植物
最佳图片采集时期	7 月下旬
最佳种子收集时期	8 月下旬

图　像

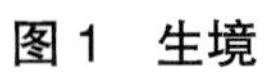
图 1　生境

图 2　植株

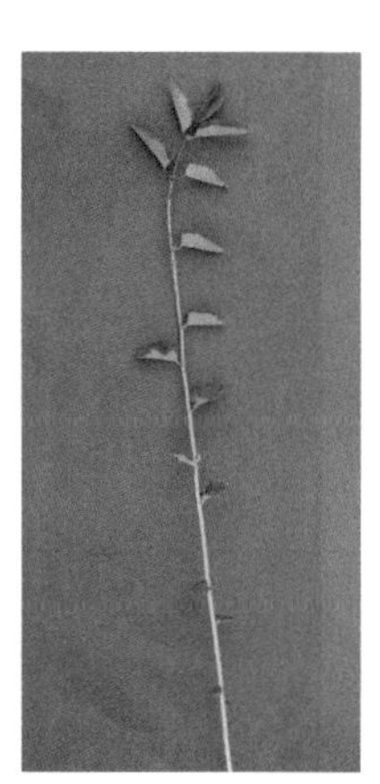

图 3　枝条

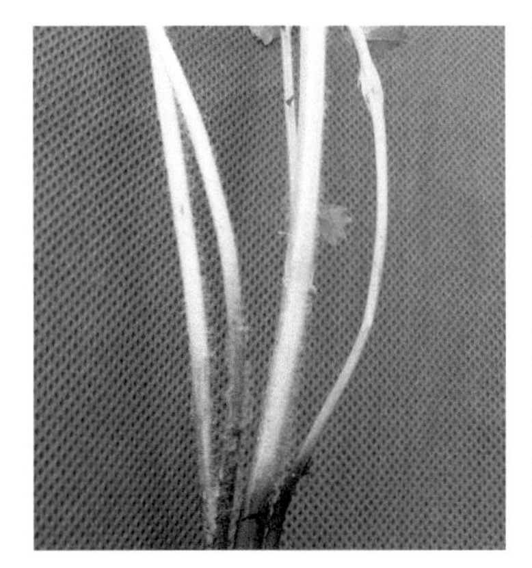

图 4　茎

图 5　小叶

图 6　花序

蒙古莸

主要信息描述

学名	*Caryopteris mongohlica* Bunge
英文名	Mongolian Bluebeard
别名	白蒿、山狼毒
蒙名	道嘎日嘎那
地理区系	黄土－蒙古高原分布种
生活型	小灌木
水分生态类型	旱生植物
生境	生于石质山坡、沙地、干河床及沟谷等地
特征特性	高 15～40cm。老枝灰褐色，幼枝紫褐色。单叶对生，披针形、条状披针形或条形。聚伞花序顶生或腋生，花冠蓝紫色，筒状。果实球形。喜光，极耐旱、耐寒，耐沙埋，对土壤要求不严，在疏松渗透性良好的沙壤土生长最佳。7—8 月开花，8—9 月成熟
饲用等级	劣等
主要用途	山羊、绵羊仅采食花，马冬春少量采食一年生枝条。可作园林观赏和护坡植物。花、枝、叶可作蒙药，有祛寒、燥湿、健胃、壮身、止咳之效，主治消化不良、胃下垂、慢性气管炎等。叶及花可作为芳香油供工业用
最佳图片采集时期	7 月中旬
最佳种子收集时期	8 月中旬

图　像

图 1　生境

图 2　植株

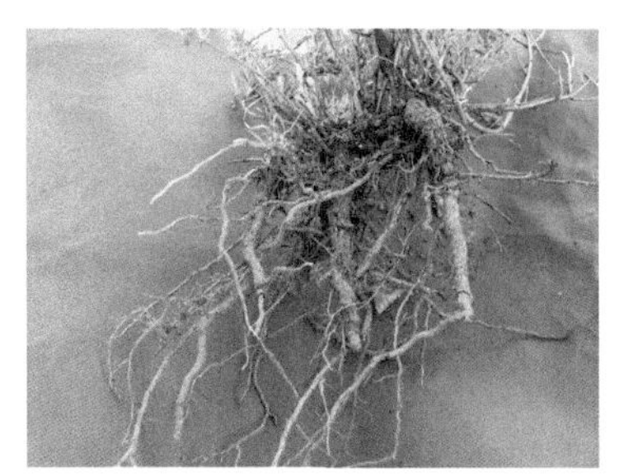

图 3　根系

图 4　枝条

图 5　叶

图 6　花序

图 7　小花

主要信息描述

学名	*Tribulus terrestris* L.
英文名	Caltrop
别名	白蒺藜
蒙名	伊曼－章古
地理区系	泛温带分布种
生活型	一年生草本
水分生态类型	中生植物
生境	生于荒地、山坡、路旁、田间、住宅附近等处
特征特性	茎平卧，深绿色到淡褐色。双数羽状复叶，小叶对生，矩圆形。花瓣黄色，倒卵形。果由 5 个分果瓣组成，每果瓣具长短棘刺各 1 对，背面有短硬毛及瘤状突起。适应性广，对土壤要求不严，但以土质疏松，质地肥沃的砂壤土。6—7 月开花，7—9 月成熟。染色体 2n=12，24，36，48
饲用等级	低等
主要用途	青鲜时羊和马乐食。具刺的果实对骆驼有害。果实入药，主治头痛、皮肤瘙痒、目赤肿痛、乳汁不通等
最佳图片采集时期	6 月下旬
最佳种子收集时期	8 月中旬

图　像

图 1　生境

图 2　植株

图 3　根系

图 4　叶

图 5　花

图 6　果实

参考文献

陈默君，贾慎修 . 2001. 中国饲用植物 [M]. 北京：中国农业出版社 .

陈山 . 1994. 中国草地饲用植物资源 [M]. 沈阳：辽宁民族出版社 .

高洪文，王赞，孙桂枝，等 . 2010. 豆科多年生草本类牧草种质资源描述规范和数据标准 [M]. 北京：中国农业出版社 .

谷安琳，赵来喜 . 2009. 多年生禾草种质资源描述规范和数据标准 [M]. 北京：中国农业出版社 .

李志勇，王宗礼 . 2005. 牧草种质资源描述规范和数据标准 [M]. 北京：中国农业出版社

马毓泉 . 1977−1985. 内蒙古植物志 :1−8 卷 [M]. 呼和浩特：内蒙古人民出版社 .

马毓泉 . 1989−1998. 内蒙古植物志 :1−5 卷 [M]. 第 2 版 . 呼和浩特：内蒙古人民出版社 .

吴征镒，孙航，周浙昆，等 . 2010. 中国种子植物区系地理 [M]. 北京：科学出版社 .

赵一之 . 2012. 内蒙古维管植物：分类及其区系生态地理分布 [M]. 呼和浩特：内蒙古大学出版社 .

赵一之，白学良，曹瑞，等 . 2005. 内蒙古大青山高等植物检索表 [M]. 呼和浩特：内蒙古大学出版社 .

赵一之，赵利清 . 2014. 内蒙古维管植物检索表 [M]. 北京：科学出版社 .

中国科学院内蒙古宁夏综合考察队 . 1985. 内蒙古植被 [M]. 北京：科学出版社 .

朱家柟 . 2001. 拉汉英种子植物名称 [M]. 北京：科学出版社 .

附 录

拉丁名索引

A

B

C

L

M

O

P